2018 版安徽省建设工程计价依据

安徽省园林绿化工程计价定额

主编部门：安徽省建设工程造价管理总站

批准部门：安徽省住房和城乡建设厅

施行日期：２０１８年１月１日

中国建材工业出版社

图书在版编目（CIP）数据

安徽省园林绿化工程计价定额 / 安徽省建设工程造价
管理总站编 . —北京：中国建材工业出版社，2018.1
（2018版安徽省建设工程计价依据）（2018.1重印）
ISBN 978-7-5160-2063-0

Ⅰ.①安… Ⅱ.①安… Ⅲ.①园林—绿化—工程造价
—安徽 Ⅳ.①TU986.3

中国版本图书馆 CIP 数据核字（2017）第 264872 号

安徽省园林绿化工程计价定额

安徽省建设工程造价管理总站　编

出版发行：中国建材工业出版社

地　　　址：北京市海淀区三里河路 1 号

邮　　　编：100044

经　　　销：全国各地新华书店

印　　　刷：北京鑫正大印刷有限公司

开　　　本：787mm×1092mm　　1/16

印　　　张：24.25

字　　　数：590 千字

版　　　次：2018 年 1 月第 1 版

印　　　次：2018 年 1 月第 2 次

定　　　价：108.00 元

本社网址：www.jccbs.com　　微信公众号：zgjcgycbs

本书如出现印装质量问题，由我社市场营销部负责调换。联系电话：(010)88386906

安徽省住房和城乡建设厅发布

建标〔2017〕191号

安徽省住房和城乡建设厅关于发布2018版安徽省建设工程计价依据的通知

各市住房城乡建设委（城乡建设委、城乡规划建设委），广德、宿松县住房城乡建设委（局），省直有关单位：

为适应安徽省建筑市场发展需要，规范建设工程造价计价行为，合理确定工程造价，根据国家有关规范、标准，结合我省实际，我厅组织编制了2018版安徽省建设工程计价依据（以下简称2018版计价依据），现予以发布，并将有关事项通知如下：

一、2018版计价依据包括：《安徽省建设工程工程量清单计价办法》《安徽省建设工程费用定额》《安徽省建设工程施工机械台班费用编制规则》《安徽省建设工程计价定额（共用册）》《安徽省建筑工程计价定额》《安徽省装饰装修工程计价定额》《安徽省安装工程计价定额》《安徽省市政工程计价定额》《安徽省园林绿化工程计价定额》《安徽省仿古建筑工程计价定额》。

二、2018版计价依据自2018年1月1日起施行。凡2018年1月1日前已签订施工合同的工程，其计价依据仍按原合同执行。

三、原省建设厅建定〔2005〕101号、建定〔2005〕102号、建定〔2008〕259号文件发布的计价依据，自2018年1月1日起同时废止。

四、2018版计价依据由安徽省建设工程造价管理总站负责管理与解释。在执行过程中，如有问题和意见，请及时向安徽省建设工程造价管理总站反馈。

安徽省住房和城乡建设厅

2017年9月26日

编制委员会

主　　任　宋直刚

成　　员　王晓魁　王胜波　王成球　杨　博
　　　　　江　冰　李　萍　史劲松

主　　审　王成球

主　　编　李　萍

副 主 编　王　瑞

参　　编（排名不分先后）

　　　　　高鼎承　汪　进　邓苏花　汪骏马
　　　　　周　毅　李永红　尉迟沁玫

参　　审　崔　中　齐文清

总　说　明

一、《安徽省园林绿化工程计价定额》以下简称"本园林定额"，是依据国家现行相关工程建设标准、规范及相关定额，并结合近几年我省出现的新工艺、新技术、新材料的应用情况，及园林绿化工程设计与施工特点编制的。

二、本园林定额包括绿化工程和园林景观工程两部分内容。

三、本园林定额适用于安徽省境内的新建、扩建的城市园林、市政绿化、小品设施、景观工程，也适用于学校、厂矿、机关、宾馆、居民小区的小品设施和绿化工程等。

四、本园林定额的作用：

1．是编审设计概算、最高投标限价、施工图预算的依据；

2．是调解处理工程造价纠纷的依据；

3．是工程成本评审，工程造价鉴定的依据；

4．是施工企业编制企业定额、投标报价、拨付工程款、竣工结算的参考依据。

五、本园林定额按照正常的施工条件，大多数施工企业采用的施工方法、机械化装备程度、合理的施工工期、施工工艺、劳动组织编制的，反映当前社会平均消耗量水平。

六、本园林定额中人工工日以"综合工日"表示，不分工种、技术等级。内容包括：基本用工、辅助用工、超运距用工及人工幅度差。

七、本园林定额中的材料：

1．本园林定额中的材料包括主要材料、辅助材料、周转材料及其他材料。

2．本园林定额中的材料消耗量包括净用量和损耗量。损耗量包括：从工地仓库、现场集中堆放地点或者现场加工地点至操作或者安装地点的现场运输损耗、施工操作损耗、施工现场堆放损耗。凡能计量的材料、成品、半成品均逐一列出消耗量，难以计量的材料以"其他材料费占材料费"或者"其他材料费占人工费"百分比形式表示。

3．本园林定额中消耗量用"（　）"表示的为该子目的未计价材料用量，基价中不包括其价格。

八、本园林定额中的机械：

1．本园林定额中大部分机械台班消耗量列出机械选用型号和消耗量，少量以"其他机械费占人工费"百分比形式表示。

2．大型机械的进（退）场及安装、拆卸，执行《安徽省建设工程计价定额（共用册）》的规定。

九、本园林定额中均包括材料成品、半成品从现场堆放地点、工地仓库或集中加工到施工地点的水平运输和垂直高度(或檐高)在 20m 以内的垂直运输。执行时除另有规定外，均不得调整场内水平运输，如遇上山或过河等特殊情况运输费可以调整。成品构件现场以外的水平运输应另计运费。垂直运输高度(或檐高)超过 20m 时，参照《安徽省建筑工程计价定额》执行。

十、本园林定额与建筑工程、装饰装修工程、安装工程、市政工程相同或相近的分项工程未编列的，执行时可套用相应专业工程定额。

十一、本园林绿化消耗量定额中注明"×××"以内或"×××"以下者，均包括"×××"本身；"×××"以外或"×××"以上，则不包括"×××"本身。

十二、本园林定额授权安徽省建设工程造价总站负责和管理。

十三、著作权所有，未经授权，严禁使用本书内容及数据制作各类出版物和软件，违者必究。

目 录

第一部分 绿化工程

第一章 绿化前期工程

第二章 绿化栽植工程

第三章　绿化养护工程

第四章 绿化工程施工措施

第二部分 园林景观工程

第一章 叠山理水工程

第二章 小品景观工程

第三章 园桥工程

第四章 园路工程

第一部分 绿化工程

说　　明

一、绿地整理

1. 清理场地，或土厚在 30cm 以内的挖、填、找平，或绿地整理均套用整理绿地项目。

2. 人工换土、土方造型等项目在 50m 以内的土方运距均已在定额中综合考虑，超过 50m 的土方运距按《安徽省建筑工程消耗量定额》相应定额项目计算。

3. 人工抽槽按三类土考虑，如四类土抽槽，乘以系数 1.43；一、二类土，乘以系数 0.61。

4. 本章定额中换土、土方造型等项目，"种植土"按自备土编制，如采用购置土，则采用括号内的用量。

5. 地型改造(机械造坡)适用于原地形或填方地形与设计地形竖向高差 0.3～1m 之间的项目。本子目是对土方回填完成后的场地进行机械造坡，场地的细整还需执行整理绿化用地子目，场区土方回填过程中的地形整理由施工单位自行考虑，不套用本子目。取土、运土、土方回填套用相应专业工程定额。

6. 垃圾深埋是对工程范围内的垃圾土（一般以三、四类土为主）采用就地深埋，将深层的好土翻到地表面的工艺。

7. 微坡地形土方堆置适用于机械无法作业，采取人工施工且单个围合区域面积不大于 1000 m² 的花坛、绿岛等。本项目不替代整理绿化用地子目，场地的细整还需执行整理绿化用地子目。

8. 乔木、灌木栽植人工换土，其换土量按附一"绿化工程土方量对照表"有关规定执行。当实际换土量与对照表不符，当差额超过 10%时，每 1 换土，其材料：土 1，人工：0.50 工日。

9. 当采用不同配方的草坪基质时，材料允许调整。如采用原土拌基质，定额中应扣除好土用量，另每 10 m² 增加人工 0.3 工日。

10. 砍挖灌木林每 100 m²，22 株以下为稀，22 株以上为密。

11. 如在屋顶花园上种植，垂直运输费用另行计算。

二、栽植花木

1. 起挖、栽植带土球乔木，土球直径超过 280cm；起挖、栽植裸根乔木，胸径超过 45cm 时，均另行计算。

2. 起挖、栽植带土球灌木，土球直径超过 140cm 时，按带土球乔木定额的相应子目人工乘以系数 1.05；起挖、栽植裸根灌木，当灌高超过 250cm 时，另行计算。

3. 起挖、栽植灌木（带土球），土球直径<5cm，10cm 按起挖；栽植灌木（带土球）土球直径 <20cm 定额子目执行，分别乘以系数 0.2 和 0.4。

4. 名贵树木的起挖、栽植，另行按实计算。

5. 带土球乔、灌木起挖、栽植土球的规格按设计要求确定，当设计无规定时：乔木按胸径 8 倍计算土球直径，灌木按地径的 7 倍计算土球直径，不能按地径计算时，灌木或亚乔木（如丛生状桂花等）按其篷径的 1/3 计算土球直径。

6. 棕榈类植物起挖、栽植当设计无规定时，带土球起挖、栽植按地径的 4 倍计算。土球直径超过 100cm 的，套用相应的乔木定额子目。裸根起挖、栽植按其地径大小套用相应的乔木定额子目。

7. 植物的起挖、栽植是按一、二类土考虑的，如为三类土，人工应乘以系数 1.34；如为四类土，人工应乘以系数 1.76。

8. 栽植项目的挖塘尺寸按附一"绿化工程土方量对照表"编制，当实际挖塘尺寸与"绿化工程土方量对照表"相差超过 10% 时，每立方米挖塘人工调整，一、二类土 0.31 工日；三类土 0.41 工日，四类土 0.54 工日。

9. 若在屋顶花园上种植，另计垂直运输费用。

10. 花格镶草铺草皮按花格砖面积计算，项目内镶草面积按 35%考虑。实际铺草面积不符时，草皮用量可以调整，其他工料不变。镶草项目不分铺种品种，均执行该项目。散铺草皮，草皮用量按 30%考虑。实际铺草面积不符时，草皮用量可以调整，其他工料不变。

11. 绿化种植定额包括种植前的准备、种植时的用工用料和机械使用费，以及苗木、花卉（含草皮）栽植后十天以内的养护工作。

12. 本章定额的植物栽植以原土回填为准，如需换土，按"换土"定额另行计算。

13. 绿化种植工程定额基价中未包括苗木、花卉、草皮的价格，使用时应按相应的苗木价格计算，并计入定额直接费。

14. 苗木、花卉的主材用量，应按设计数量加上规定的损耗计算，其运输、栽植等操作损耗率为：

苗木损耗率=（1－成活率）×100%；

植物栽植成活率指标如下：

乔木：胸径 15cm 以内为 98%；胸径 15cm 以上为 95%；

灌木：98%；名贵树木：100%；针叶、阔叶绿篱：98%；色块：95%；草花：100%。

以上指标适用于一、二类土栽植地点，三类土时成活率下调 2%，四类土成活率下调 3%。

15. 本章定额适用于正常种植季节的施工，落叶树木种植和挖掘应在春季解冻以后、发芽以前或在秋季落叶后冰冻前进行；常绿树木的种植和挖掘应在春天土壤解冻以后、树木发芽以前，或在秋季新梢停止生长后、降霜以前进行。非正常种植季节施工，所发生的额外费用，应另行计算。

16. 起挖、栽植乔木，当带土球时，土球直径大于 120cm（含 120cm）或裸根时胸径大于 15cm

（含 15cm）以上的截干乔木，定额人工及机械乘以系数 0.8。

17. 灌木片植（色带）指种植密度≥6 株/m²。

18. 盆花摆放：若需摆放大型植物，则按植物种类、规格另行计算。

19. 机械灌洒：适用于绿化施工现场没有水源提供的情况，凡在绿化工程施工现场内的建设单位不能提供水源时，按各类苗木栽植相应定额子目另行计算机械灌洒费用。

三、绿化养护

1. 本节定额适用范围

    公园、游览区类：各综合性公园、专题类公园、纪念性公园（含非售票类公园）、名胜古迹、风景游览区等所在地的园林植物养护工程。

    交通、干道类：各类交通道路、城市环线绿化带、机场、车站、港口、宾馆、高级别墅以及沿交通干道两侧的街头绿化等所在地的园林植物养护工程。

    社区、单位类：居民生活区内绿化（含庭院绿化），以及企业、部队、机关、医院、学校、旅馆等单位性质的绿化所在地的园林植物的养护工程。

2. 本节定额分为绿化成活养护和绿化保存养护，不适用于绿化种植工程栽植期养护，栽植时 10 天以内的养护费用已在绿化种植工程定额中考虑。

3. 本节定额绿化保存养护适用于保存期养护与日常管理期养护。绿化保存养护参考《城市园林绿化养护管理质量要求》（附二）的养护标准，分为三个养护等级，定额项目按照二级养护的标准编制。实际养护为一级养护标准时，定额子目基价应乘以系数 1.15；实际养护为三级养护标准时，定额子目基价应乘以系数 0.85。

4. 绿化成活养护定额按月编制，每月按 30 天计算，实际养护时间以甲乙双方确定的养护期限按比例计算。成活期界定：指绿化工程初验前的成活养护。自栽植期养护结束之日起，至绿化工程进行初验之日止，一般为一至三个月，不大于三个月。如无规定的初验时间，则可按一个月计算。

5. 绿化保存养护定额按年编制，每年按 365 天计算，实际养护期非一年的，以甲乙双方确定的养护期限按比例换算。保存期界定：指绿化工程竣工初验后的成活率养护，自初验之日起（不包括初验之日）至竣工验收之日止。

6. 绿化日常管理期养护按绿化保存养护相应定额项目乘以系数计算，系数一般按 0.5 计算，如养护有特殊要求，系数可以调整，但不得低于 0.5。

7. 绿化养护定额中，采用自动喷淋系统的绿化养护项目，人工应乘以系数 0.7。

8. 本节定额包括了绿化养护工作中必需的人工、材料、机械台班耗用量及费用，未包括以下内容，如发生以下情况，双方协商据实计算：

苗木因调整而发生的挖掘、移植等工程内容；

绿化围栏、花坛等级设施因维护而发生的土建材料的费用；

高架绿化、水生植物等特殊养护要求而发生的用水增加费用；

因抗旱、排涝所发生的增加费用。

9. 因疏植而发生的多余苗木，其产权归甲方(业主)所有。

10. 养护期间的场内水平运输费用，已在定额中综合考虑，不再调整。

四、绿化工程施工措施

1. 园林绿化措施，按本章相应定额规定执行，其他缺项部分执行《安徽省建设工程消耗量定额》相关子目规定。

2. 如栽植大树(特大树)施工组织(经甲方认可)中，使用组合钢支撑，所发生的费用按实结算。

3. 胸径大于30cm的树干刷涂白，所发生的费用按实结算。

4. 遮阳棚搭设按单层遮阳网搭设考虑，如双层搭设，遮阳网材料据实换算，定额人工乘以1.2系数。遮阳棚搭设定额区分不同高度，5m以内定额子目中因实际使用搭设材料无固定模式，其钢管及扣件另行计算；遮阳棚高度在5m以上时，定额未设置子目，另行计算。

5. 苗木防寒防冻所用塑料薄膜材料均按单层覆盖，如实际采用不同时，塑料薄膜材料用量可以调整，其他不变。

五、名词解释

1. 胸径：以设计图规定为准，如设计未规定，则指乔木主干离地表面1.2m高处的直径。

2. 地径：指离地面0.1m高处的树杆直径。

3. 干径：指离地面0.3m高处的树杆直径。

4. 冠丛高：指灌木从地表面至正常生长顶端的垂直高度。

5. 蓬径：指灌木、灌丛垂直投影面的直径。

6. 定干高度：指乔木从地面至树冠分枝处即第一个分枝点的高度。

7. 种植土：也称好土，指理化性能好，结构疏松、通气、保水、保肥能力强，适宜于园林植物生长的土壤。

8. 种植穴(槽)：种植植物挖掘的坑穴。坑穴为圆形或方形称种植穴，长条形的称种植槽。

9. 土球：指挖掘苗木时，按一定规格切断根系，保留土壤呈圆球状，加以捆扎包装的苗木根部。

10. 裸根苗木：指挖掘苗木时根部不带土或带宿土(即起苗后轻抖根系保留的土壤)。

11. 修剪：在种植前对苗木的树干和根系进行疏枝和短截。对枝干的修剪称修枝，对根的修剪称修根。

12. 乔木：指有明显主干，各级侧枝区别较大，分枝离地较高的树木。

13. 灌木：指无明显主干，分枝离地较近，分枝较密的木本植物。

14. 木本植物：茎有木质层、质地坚硬的植物。

15. 散生竹：指地面到竹丛间只有一个主干的单根种植的竹。

16. 丛生竹：指自根颈处生长出数根主干的以丛种植的竹。

17. 绿篱：指成行(片)密植,修剪而成的植物墙可用以代替篱笆、栏杆和墙垣,具有分隔、防护或装饰作用。

18. 普通花坛：成片种植的花卉或观叶植物,花坛本身无规则图形、图案式样等要求。

19. 彩纹图案花坛:又称模纹花坛或毛毡花坛,按照花、叶外形、色彩配置成多层次几何图案、文字的花坛。

20. 造形植物：人为修剪成球、柱、动物等特定形体的植物。

21. 攀缘植物：指以某种方式攀附于其他物体上生长,主干茎不能直立的植物。

22. 地被植物：指株丛密集、低矮,用于覆盖地面的植物,包括贴近地面或匍匐地面生长的草本和木本植物。

23. 植生带:指采用有一定的韧性和弹性的无纺布,在其上均匀撒播种子和肥料而培植出来的地毯式草坪种植生带。

24. 栽植期养护：指绿化种植工程定额所包含的施工期内的养护。苗木、花卉栽植包括十天以内的养护工作。

25. 成活期养护：指绿化工程初验前的成活养护。自栽植期养护结束之日起,至绿化工程进行初验之日止,一般为一至三个月。如无规定初验时间,一般可按一个月计算。

26. 保存期养护:指绿化工程竣工初验后的成活率养护,自初验之日起(不包括初验之日)至竣工验收之日止。

27. 日常管理期养护：指保存期养护结束后的日常管理养护。

工程量计算规则

一、绿化前期工程

1. 伐树、挖树根

伐树、挖树根以"株"计算。

2. 砍伐灌木丛

(1)砍伐灌木丛以"丛"计算。

(2)砍伐灌木林以"平方"计算。

(3)挖灌木丛根以"丛"计算。

3. 挖竹根

挖竹根按"株（丛）"计算。

4. 挖芦苇根

挖芦苇根按面积以"平方米"计算。

5. 清除草皮，砍挖绿篱、露地花卉

(1)除草按实际发生面积以"平方米"计算。清除地被按清除草皮定额项目执行，乘以系数0.8。

(2)砍挖绿篱按实际发生面积以"平方米"计算。

6. 整理绿化用地

(1)整理绿地按实际绿化面积以"平方米"计算。

(2)垃圾深埋以垃圾土和好土的全部土方总量计算垃圾深埋子目的工程量，以"立方米"计算。

(3)地面换土按实际换土的体积以"立方米"计算。

(4)地形改造（机械造坡）按实际改造面积以"平方米"计算。

(5)微坡地形土方堆置按设计图示尺寸体积以"立方米"计算。

7. 人工换土

(1)人工抽槽按实际挖土的体积以"立方米"计算。

(2)沟槽换土按实际换土的体积以"立方米"计算。

(3)乔、灌木栽植人工换土不论树木大小以"株"计算。

8. 屋顶花园基底处理

屋顶花园基底处理分做法分别以"m"、"m²"、"m³"计算；软式透水管分规格以"m"计算。

二、绿化栽植工程

1. 植物起挖

(1) 乔灌木起挖按树木大小以"株"计算。

（2）散生竹起挖按竹子大小以"株"计算，丛生竹起挖按根盘大小以"丛"计算。

（3）绿篱起挖按"延长米"计算。

（4）色带植物起挖，按实际起挖面积以"㎡"计算。

（5）起挖棕榈类以"株"计算。

2．植物栽植

（1）栽植乔、灌木不论树木大小均按"株"计算。

（2）栽植棕榈类按"株"计算。

（3）散生竹栽植按"株"计算。

（4）丛生竹栽植按根盘大小以"丛"计算或按"每丛支数"计算。

（5）绿篱栽植按"延长米"计算。

（6）色带植物栽植按实际栽植面积以"㎡"计算。

（7）片植绿篱和片植花卉项目按色带植物栽植计算。

（8）单植花卉按"株"计算。

（9）地被植物栽植按实际栽植面积以"㎡"计算。

（10）栽植水生植物（除漂浮水生植物以面积计算外）均按"株"计算。

（11）盆植水生植物按"丛"计算。

（12）栽植攀缘植物按"株"计算。

3.草坪

（1）铺草前铺砂找平按设计图示尺寸面积以"㎡"计算。

（2）铺设草坪基质按配比以"㎡"计算。

（3）铺设、起挖草坪均按"㎡"计算。

（4）喷播植草按不同坡度比、坡长以"㎡"计算。

4．摆设盆花

（1）摆设盆花按设计图示数量以"盆"计算。

（2）清运盆花按设计图示数量和实际发生的运距计算。

5．机械灌洒

（1）机械灌洒苗木、色带、绿篱、木箱苗木、丛生竹、攀缘植物分别按胸径、高度、规格、球径×深、生长年限，以"株"、"㎡"、"m"、"箱"、"丛"、"株"计算。

三、绿化养护工程

1．绿化成活、保存养护

（1）乔木按胸径以"株"计算。

（2）灌木按冠丛高度以"株"计算。

(3)绿篱分单排、双排、片植三类,单排、双排绿篱均按修剪后净高以"延长米"计算;片植绿篱按修剪后净高以"平方米"计算。色块植物的养护按片植绿篱养护项目计算。

(4)竹类均按高度以"平方米"计算。

(5)球形(整形)植物按蓬径以"株"计算。

(6)露地花卉以"平方米"计算。

(7)攀缘植物按生长年数以"株"计算。

(8)地被植物以"平方米"计算。

(9)水生植物按塘植、盆植分别以丛和盆计算。

(10)草坪分暖地型、冷地型、混合型三类,均按实际养护面积以"平方米"计算。

(11)单植花卉的养护按灌木养护计算。

四、 绿化工程施工措施

1.假植

(1)假植树木按"株"计算。

2.草绳绕树干

草绳绕树干区分不同胸径按被绕树干的长度以"米"来计算。

3.树木支撑

树干支撑按实际发生的不同支撑形式,以"株"计算。

4.树杆刷白

树杆刷白以株计算。

5.遮阳棚搭设

遮阳棚搭设按所搭设荫棚的水平投影面积以"平方米"计算。

6.苗木防寒防冻

苗木防寒防冻按苗木种类分别以株、根计算。

7.水体护理

水体护理按水域面积以"m²"计算。

附一：绿化工程土方量对照表

表1　绿化工程土方量对照表(带土球乔、灌木)

单位：cm

名称	规格	土球尺寸		起挖塘径（直径×深）	起挖塘径体积（m³）	起挖土方量（m³）	种植塘径（直径×深）	种植塘径体积（m³）	种植土方量（m³）	换土量（m³）
		$D×H$	V							
带土球乔、灌木	土球直径在 cm 以内	20	20×20	0.006	40×30	0.038	0.032	40×30	0.038	0.032	0.032
		30	30×30	0.021	50×40	0.078	0.057	50×40	0.078	0.057	0.057
		40	40×30	0.037	70×40	0.154	0.117	60×40	0.113	0.076	0.076
		50	50×40	0.078	80×50	0.251	0.173	70×50	0.192	0.114	0.114
		60	60×40	0.112	100×50	0.392	0.280	90×50	0.318	0.206	0.206
		70	70×50	0.191	120×60	0.677	0.486	100×60	0.470	0.279	0.279
		80	80×60	0.300	140×70	1.076	0.776	110×75	0.711	0.411	0.411
		100	100×70	0.546	180×85	2.159	0.613	130×90	1.192	0.646	0.646
		120	120×80	0.899	210×95	3.285	2.386	150×100	1.464	0.865	0.865
		140	140×90	1.376	230×105	4.355	2.979	180×110	2.794	1.418	1.418
		160	160×105	2.107	250×125	6.125	4.018	200×125	3.620	1.813	1.813
		180	180×115	2.921	270×135	7.716	4.795	230×125	5.184	2.263	2.263
		200	200×130	4.077	290×150	2.890	5.813	250×140	6.860	2.783	2.783
		240	240×145	6.548	340×175	15.860	9.312	300×155	10.937	4.389	4.389
		280	280×165	10.142	380×195	22.276	11.934	350×175	16.807	6.665	6.665

注：土球体积 $V=0.78×D^2×H$　　D-土球直径；H-土球厚度。

表 2 绿化工程土方量对照表(裸根乔木)

名称	规格	根幅尺寸		起挖塘径(直径×深)	起挖塘径体积(m³)	起挖土方量(m³)	种植塘径(直径×深)	种植塘径体积(m³)	种植土方量(m³)	换土量(m³)
		侧根	直根							
裸根乔木	胸径在cm以内	4	30～40	25～30	45×35	0.056	0.056	45×35	0.056	0.056	0.056
		6	45～60	35～45	65×50	0.166	0.166	65×50	0.166	0.166	0.166
		8	70～80	45～55	90×60	0.381	0.381	90×60	0.381	0.381	0.381
		10	85～100	55～65	110×70	0.664	0.664	110×70	0.664	0.664	0.664
		12	100～120	65～75	130×80	1.060	1.060	130×80	1.060	1.060	1.060
		14	120～130	70～80	140×90	1.383	1.383	140×90	1.383	1.383	1.383
		16	130～140	75～85	150×90	1.588	1.588	150×90	1.588	1.588	1.509
		18	140～160	80～90	170×100	2.266	2.266	170×100	2.266	2.266	2.153
		20	160～180	85～100	190×110	3.113	3.113	190×110	3.113	3.113	2.957
		24	180～220	90～110	230×120	4.977	4.977	230×120	4.977	4.977	4.728
		30	200～240	100～120	250×130	6.370	6.370	250×130	6.370	6.370	6.052
		35	220～260	120～130	270×140	8.002	8.002	270×140	8.002	8.002	7.602
		40	240～280	120～140	290×150	9.890	9.890	290×150	9.890	9.890	9.396
		45	260～300	130～150	310×150	11.301	11.301	310×150	11.301	11.301	10.736

注：塘体积 $V=0.784×D^2×H$　　D-塘(穴)直径；H-塘(穴)深。

胸径≤14cm时，其换土量取基栽植挖塘土方量；

胸径>14cm时，其换土量取其栽植挖塘土方量乘以系数0.95。

表3 绿化工程土方量对照表(裸根灌木)

单位：cm

名称	规格	根幅尺寸		起挖塘径(直径×深)	起挖塘径体积(m³)	起挖土方量(m³)	种植塘径(直径×深)	种植塘径体积(m³)	种植土方量(m³)	换土量(m³)
		侧根	直根							
裸根灌木	冠丛高在cm以内 50	15～20	-	25×25	0.012	0.012	25×25	0.012	0.012	0.012
	100	25～30	-	40×30	0.038	0.038	40×30	0.038	0.038	0.038
	150	30～40	-	50×40	0.078	0.078	50×40	0.078	0.078	0.078
	200	50～60	-	70×60	0.230	0.230	70×60	0.230	0.230	0.230
	250	60～80	-	90×70	0.445	0.445	90×70	0.445	0.445	0.445

表4 绿化工程土方量对照表(裸根灌木)

单位：cm

名称	规格	根鞭尺寸(长)	起挖塘径(长×宽×深)	起挖塘径体积(m³)	起挖土方量(m³)	种植塘径(长×宽×深)	种植塘径体积(m³)	种植土方量(m³)	换土量(m³)
散生竹类	胸径在cm以内 2	30～40	60×30×30	0.054	0.054	60×30×30	0.054	0.054	0.054
	4	40～50	80×40×40	0.128	0.128	80×40×40	0.128	0.128	0.128
	6	50～80	100×40×50	0.200	0.200	100×40×50	0.200	0.200	0.200
	8	80～100	120×50×70	0.420	0.420	120×50×70	0.420	0.420	0.420
	10	100～130	150×50×80	0.600	0.600	150×50×80	0.600	0.600	0.600

表5 绿化工程土方量对照表(丛生竹)

单位：cm

名称	规格		根盘尺寸		起挖塘径(直径×深)	起挖塘径体积 (m³)	起挖土方量 (m³)	种植塘径(直径×深)	种植塘径体积 (m³)	种植土方量 (m³)	换土量 (m³)
			$D×H$	V							
丛生竹类	根盘丛径在cm以内	30	30×25	0.018	50×40	0.078	0.060	50×40	0.078	0.060	0.060
		40	40×30	0.037	70×40	0.154	0.117	60×40	0.113	0.076	0.076
		50	50×35	0.068	80×50	0.251	0.183	70×50	0.192	0.124	0.124
		60	60×40	0.112	100×50	0.392	0.280	90×50	0.318	0.206	0.206
		70	70×50	0.191	120×60	0.677	0.486	100×60	0.470	0.279	0.279
		80	80×55	0.275	170×70	1.076	0.801	110×75	0.711	0.436	0.436

表6 绿化工程土方量对照表(裸根灌木)

单位：cm

名称	规格	土球尺寸		种植沟槽 (长×宽×深)	种植塘径体积 (m³)	种植土方量 (m³)	换土量 (m³)
		侧根	直根				
双排绿篱	绿篱高在cm以内	40	−	−	100×30×25	0.750	0.750	0.750
		60	−	−	100×40×30	1.200	1.200	1.200
		80	−	−	100×50×40	2.000	2.000	2.000
		100	−	−	100×60×45	2.700	2.700	2.700
单排绿篱	绿篱高在cm以内	40	−	−	100×25×25	0.625	0.625	0.625
		60	−	−	100×30×30	0.900	0.900	0.900
		80	−	−	100×40×40	1.600	1.600	1.600
		100	−	−	1000×45×45	2.025	2.025	2.025
		120	−	−	100×50×50	2.500	2.500	2.500
		150	−	−	1000×60×60	3.600	3.600	3.600
		170	−	−	1000×65×60	3.900	3.900	3.900
		190	−	−	1000×70×60	4.200	4.200	4.200

附二：城市园林绿化养护管理质量要求

本质量要求依据行业标准，结合本省实际情况编制而成，供参考使用。

一、树木管理

一级：新栽树木成活率 99%，原有树木保存率 100%。

树形美观，长势茂盛，无歪斜，适时整形修剪，无枯枝、徒长枝、病虫枝，造型植物按设计要求修剪，达到预期效果。树上无牵绳挂物，无依树搭盖。适时水肥管理，松土，除杂草，开花植物能按时开花。

二级：新栽树木成活率 98%，原有树木保存率 99%。

树木生长良好，保持树木自然特征，无明显歪斜(造型植物除外)，无牵绳挂物。整形修剪，保持树木整齐美观。

三级：新栽树木成活率 97%，原有树木保存率 98%。

树木生长正常，树形比较完整，重点植物要修剪，无明显枯枝败叶、病虫害。

二、绿地管理

一级：植物季相分明，色彩丰富，生长茂盛，整齐美观，无缺株。土壤疏松、平整、无杂草、无建筑、生活等废弃物，无渍水及旱象。

二级：植物生长茂盛，土壤平整，基本无杂草，无积成垃圾，无明显缺株，无渍水及旱象。

三级：植物生长基本正常，无明显杂草、缺株，废弃物及时清除。

三、草坪管理

一级：达到设计要求，草种纯、生长旺盛，观赏效果好；经常修剪，高度符合规定标准，整齐美观，随时清除杂草，其杂草率不超过 1%，裸露地面不超过 2%，无渍水，无垃圾及废弃物，无病虫危害。

二级：草坪生长正常，观赏效果好，经常修剪，整齐美观，杂草率不超过 2%，裸露地面不超过 3%，无废弃物，无渍水，无明显的病虫害。

三级：草坪基本生长正常，经常修剪，无明显的裸露地面、杂草、垃圾。

四、草花管理

一级：草花质量符合一级标准，地栽草花或摆花图案新颖，花色鲜艳，观赏效果好，花期长、无因管理不善产生提前倒伏、枯萎现象。

二级：草花质量符合二级标准，地栽草花或摆花其花色有变化，整体效果好，花期达到预期效果。

三级：草花质量符合二级标准，整齐美观，管理好。

五、园林设施管理

一级：园林建筑、园林小品、绿化设施保持完好，整洁美观，损坏及时维修，定期表面刷新。

二级：园林建筑、园林小品、绿化设施保持基本完好，损坏定期维修，无明显的污物。

三级：园林建筑、园林小品、绿化设施保持较好，损坏要修复。

六、病虫害防治

一级：植物病害基本无危害现象，食叶性害虫不超过 5%，蛀干性害虫不超过 3%。

二级：植物病害无明显危害迹象，食叶性害虫不超过 10%，蛀干性害虫不超过 5%。

三级：植物病害不明显，食叶性害虫不超过 15%，蛀干性害虫不超过 10%。

第一章 绿化前期工程

第一节 伐树、挖树根

1.人工伐树

工作内容：锯倒、砍枝、截断、就地堆放整齐、清理场地。 计量单位：株

定 额 编 号				Y1-1-1	Y1-1-2
项 目 名 称				人工伐树	
				离地面20mm处	
				树干直径10cm以内	树干直径20cm以内
基 价（元）				4.75	13.57
其中	人 工 费（元）			4.34	13.16
	材 料 费（元）			—	—
	机 械 费（元）			0.41	0.41
名 称		单位	单价(元)	消 耗 量	
人工	综合工日	工日	140.00	0.031	0.094
机械	载重汽车 4t	台班	408.97	0.001	0.001

工作内容：锯倒、砍枝、截断、就地堆放整齐、清理场地。 计量单位：株

定 额 编 号				Y1-1-3	Y1-1-4
项 目 名 称				人工伐树	
				离地面20mm处	
				树干直径30cm以内	树干直径40cm以内
基 价（元）				28.41	56.82
其中	人 工 费（元）			28.00	56.00
	材 料 费（元）			—	—
	机 械 费（元）			0.41	0.82
	名 称	单位	单价（元）	消 耗 量	
人工	综合工日	工日	140.00	0.200	0.400
机械	载重汽车 4t	台班	408.97	0.001	0.002

工作内容：锯倒、砍枝、截断、就地堆放整齐、清理场地。 计量单位：株

定 额 编 号					Y1-1-5	Y1-1-6
项　目　名　称					人工伐树	
					离地面20mm处	
					树干直径50cm以内	树干直径50cm以外
基　　　　价（元）					83.98	188.24
其中	人　工　费（元）				83.16	186.20
	材　料　费（元）				—	—
	机　械　费（元）				0.82	2.04
名　　　称		单位	单价（元）	消　　耗　　量		
人工	综合工日	工日	140.00	0.594		1.330
机械	载重汽车 4t	台班	408.97	0.002		0.005

2.人工挖树根

工作内容：起挖、截断、就地堆放整齐、清理场地。

计量单位：株

定 额 编 号				Y1-1-7	Y1-1-8
项 目 名 称				人工挖树根	
				离地面20mm处	
				树干直径10cm以内	树干直径20cm以内
基 价（元）				6.85	14.27
其中	人 工 费（元）			6.44	13.86
	材 料 费（元）			—	—
	机 械 费（元）			0.41	0.41
名 称	单位	单价(元)		消 耗 量	
人工	综合工日	工日	140.00	0.046	0.099
机械	载重汽车 4t	台班	408.97	0.001	0.001

工作内容：起挖、截断、就地堆放整齐、清理场地。　　　　　　　　　　　　　　　计量单位：株

定　额　编　号					Y1-1-9	Y1-1-10
项　目　名　称					人工挖树根	
					离地面20mm处	
					树干直径30cm以内	树干直径40cm以内
基　　　　价（元）					48.57	97.55
其中	人　工　费（元）				48.16	96.32
	材　料　费（元）				—	—
	机　械　费（元）				0.41	1.23
名　　称		单位	单价(元)		消　　耗　　量	
人工	综合工日	工日	140.00		0.344	0.688
机械	载重汽车 4t	台班	408.97		0.001	0.003

工作内容：起挖、截断、就地堆放整齐、清理场地。 计量单位：株

定　额　编　号					Y1-1-11	Y1-1-12
项　目　名　称					人工挖树根	
					离地面20mm处	
					树干直径50cm以内	树干直径50cm以外
基　　　价（元）					139.26	194.95
其中	人　工　费（元）				137.62	192.50
	材　料　费（元）				—	—
	机　械　费（元）				1.64	2.45
	名　　　称	单位	单价（元）	消　　耗　　量		
人工	综合工日	工日	140.00	0.983		1.375
机械	载重汽车 4t	台班	408.97	0.004		0.006

第二节 砍伐灌木丛
1.砍伐灌木丛

工作内容：灌木砍伐、集中堆放、运输、清理场地。

计量单位：丛

定 额 编 号			Y1-1-13	Y1-1-14	Y1-1-15	Y1-1-16
项 目 名 称			砍伐灌木丛			
			（冠丛高度≤mm）			
			1000	1500	2000	2500
基 价（元）			1.96	3.78	6.30	10.78
其中	人 工 费（元）		1.96	3.78	6.30	10.78
	材 料 费（元）		—	—	—	—
	机 械 费（元）		—	—	—	—
名 称	单位	单价（元）	消 耗			量
人 工	综合工日	工日	140.00	0.014	0.027	0.045	0.077

工作内容：起土挖根、清理场地、集中等。

计量单位：10m²

定 额 编 号				Y1-1-17	Y1-1-18
项 目 名 称				砍挖灌木林	
				胸径10mm以下	
				稀	密
基 价（元）				8.53	17.91
其中		人 工 费（元）		8.12	17.50
		材 料 费（元）		—	—
		机 械 费（元）		0.41	0.41
名 称		单位	单价（元）	消 耗 量	
人工	综合工日	工日	140.00	0.058	0.125
机械	载重汽车 4t	台班	408.97	0.001	0.001

2.人工挖灌木丛根

工作内容：挖、砍灌木丛根、集中堆放、运输、清理场地。

计量单位：丛

定 额 编 号			Y1-1-19	Y1-1-20	Y1-1-21
项 目 名 称			挖灌木丛根		
			（根盘直径≤mm）		
			200	400	600
基 价（元）			1.96	7.28	12.60
其中	人 工 费（元）		1.96	7.28	12.60
	材 料 费（元）		—	—	—
	机 械 费（元）		—	—	—
名 称	单位	单价（元）	消 耗		量
人工 综合工日	工日	140.00	0.014	0.052	0.090

29

工作内容：挖、砍灌木丛根、集中堆放、运输、清理场地。 计量单位：丛

定　额　编　号				Y1-1-22	Y1-1-23
项　目　名　称				挖灌木丛根	
				(根盘直径≤mm)	
				800	1000
基　　　价（元）				37.80	75.60
其中	人　工　费（元）			37.80	75.60
	材　料　费（元）			—	—
	机　械　费（元）			—	—
名　　　称		单位	单价(元)	消　　耗　　量	
人工	综合工日	工日	140.00	0.270	0.540

第三节 挖竹根

1. 散生竹

工作内容：挖、砍竹根、集中堆放运输、清理场地。

计量单位：株

定　额　编　号				Y1-1-24	Y1-1-25	Y1-1-26
项　目　名　称				挖散生竹类		
				（胸径≤mm）		
				20	40	60
基　　　　价（元）				3.03	5.92	7.88
其中	人　工　费（元）			1.96	3.78	5.74
	材　料　费（元）			1.07	2.14	2.14
	机　械　费（元）			—	—	—
名　　称		单位	单价（元）	消　　耗		量
人工	综合工日	工日	140.00	0.014	0.027	0.041
材料	草绳	kg	2.14	0.500	1.000	1.000

工作内容：挖、砍竹根、集中堆放运输、清理场地。   计量单位：株

定　额　编　号					Y1-1-27	Y1-1-28
项　目　名　称					挖散生竹类	
					(胸径≤mm)	
					80	100
基　　　　价（元）					12.73	19.03
其中	人　工　费（元）				9.52	15.82
	材　料　费（元）				3.21	3.21
	机　械　费（元）				—	—
名　　　称		单位	单价(元)	消　　耗		量
人工	综合工日	工日	140.00	0.068		0.113
材料	草绳	kg	2.14	1.500		1.500

2. 丛生竹

工作内容：挖、砍竹根、集中堆放运输、清理场地。

计量单位：丛

定　额　编　号				Y1-1-29	Y1-1-30	Y1-1-31
项　目　名　称				挖丛生竹类		
				(根盘丛径≤mm)		
				300	400	500
基　　　　价（元）				5.55	10.40	17.26
其中	人　工　费（元）			4.48	8.26	15.12
	材　料　费（元）			1.07	2.14	2.14
	机　械　费（元）			—	—	—
名　　称		单位	单价(元)	消　　耗　　量		
人工	综合工日	工日	140.00	0.032	0.059	0.108
材料	草绳	kg	2.14	0.500	1.000	1.000

工作内容：挖、砍竹根、集中堆放运输、清理场地。

计量单位：丛

定 额 编 号				Y1-1-32	Y1-1-33	Y1-1-34
项 目 名 称				挖丛生竹类		
				（根盘丛径≤mm）		
				600	700	800
基 价（元）				28.41	32.70	43.15
其中	人 工 费（元）			25.20	28.42	37.80
	材 料 费（元）			3.21	4.28	5.35
	机 械 费（元）			—	—	—
名 称		单位	单价(元)	消 耗		量
人工	综合工日	工日	140.00	0.180	0.203	0.270
材料	草绳	kg	2.14	1.500	2.000	2.500

第四节 挖芦苇根

工作内容：铲除草根、草荄、集中堆放运输，清理场地。 计量单位：10m²

定 额 编 号				Y1-1-35	
项 目 名 称				挖芦苇根	
基 价 （元）				41.02	
其中	人 工 费 （元）			41.02	
	材 料 费 （元）			—	
	机 械 费 （元）			—	
	名 称	单位	单价（元）	消 耗 量	
人 工	综合工日	工日	140.00	0.293	

第五节 清除草皮，砍挖绿篱、露地花卉

工作内容：割草挖根、集中堆放运输、清理现场。

计量单位：10㎡

定 额 编 号				Y1-1-36	
项 目 名 称				除草	
基 价（元）				17.63	
其中	人 工 费（元）			17.22	
	材 料 费（元）			—	
	机 械 费（元）			0.41	
名 称		单位	单价(元)	消 耗 量	
人工	综合工日	工日	140.00	0.123	
机械	载重汽车 4t	台班	408.97	0.001	

工作内容：砍挖、清理场地、清运。 计量单位：100㎡

定 额 编 号				Y1-1-37	Y1-1-38	Y1-1-39
项 目 名 称				砍挖绿篱露地花卉		
				（高度≤mm）		
				400	600	800
基 价 （元）				225.40	296.84	391.86
其中	人 工 费 （元）			147.70	194.60	256.90
	材 料 费 （元）			—	—	—
	机 械 费 （元）			77.70	102.24	134.96
名 称		单位	单价（元）	消	耗	量
人工	综合工日	工日	140.00	1.055	1.390	1.835
机械	载重汽车 4t	台班	408.97	0.190	0.250	0.330

注：不用挖树头时基价乘以系数0.70计算。

工作内容：砍挖、清理场地、清运。   计量单位：100㎡

定　额　编　号				Y1-1-40	Y1-1-41	Y1-1-42
项　目　名　称				砍挖绿篱露地花卉		
				(高度≤mm)		
				1000	1200	1500
基　　　　　价（元）				514.66	627.32	739.99
其中	人　工　费（元）			338.80	398.30	457.80
	材　料　费（元）			—	—	—
	机　械　费（元）			175.86	229.02	282.19
名　　　称		单位	单价（元）	消　　耗　　量		
人工	综合工日	工日	140.00	2.420	2.845	3.270
机械	载重汽车 4t	台班	408.97	0.430	0.560	0.690

注：不用挖树头时基价乘以系数0.70计算。

38

第六节 整理绿化用地

工作内容：清理场地、土厚30cm以内的挖、填、找平、找坡、耙细，清除石子等杂物，刨出地面排水沟。

计量单位：m²

定 额 编 号			Y1-1-43
项 目 名 称			整理绿地
基 价（元）			**3.50**
其中	人 工 费（元）		3.50
	材 料 费（元）		—
	机 械 费（元）		—
名 称	单位	单价（元）	消 耗 量
人 工 综合工日 工	工日	140.00	0.025

工作内容：将原有垃圾深埋，并将深层好土置换。 计量单位：10m³

定　额　编　号					Y1-1-44	
项　目　名　称					垃圾深埋	
基　　　价（元）					100.90	
其中	人　工　费（元）				12.88	
	材　料　费（元）				—	
	机　械　费（元）				88.02	
	名　　　称	单位	单价(元)	消　　耗　　量		
人工	综合工日	工日	140.00	0.092		
机械	履带式推土机 75kW	台班	884.61	0.005		
	履带式单斗液压挖掘机 0.6m³	台班	821.46	0.067		
	履带式单斗液压挖掘机 1m³	台班	1142.21	0.025		

工作内容：取土、运土(运距50m以内)、平整地形、绿地整理、废弃物运输。　　　　　　计量单位：m³

定　额　编　号	Y1-1-45
项　目　名　称	地面换土
基　　　　　价（元）	25.12

其中	人　工　费（元）	15.12
	材　料　费（元）	10.00
	机　械　费（元）	—

	名　　　称	单位	单价(元)	消　　耗　　量
人工	综合工日	工日	140.00	0.108
材料	种植土	m³	10.00	1.000

工作内容：就地取土、堆土、夯实、修整。 计量单位：10m²

定 额 编 号	Y1-1-46
项 目 名 称	地形改造(机械造坡)
基 价 （元）	92.31

其中	人 工 费 （元）	26.32
	材 料 费 （元）	—
	机 械 费 （元）	65.99

	名 称	单位	单价(元)	消 耗 量
人工	综合工日	工日	140.00	0.188
机械	履带式推土机 90kW	台班	964.33	0.068
	电动夯实机 250N·m	台班	26.28	0.016

工作内容：放线、设置标高桩、堆土、压实、修坡整形。 计量单位：10m³

定 额 编 号				Y1-1-47	Y1-1-48	Y1-1-49
项 目 名 称				微坡地形土方堆置		
				（坡顶与坡底高差在cm内）		
				40	60	80
基 价（元）				64.40	71.40	77.70
其中	人 工 费（元）			64.40	71.40	77.70
	材 料 费（元）			—	—	—
	机 械 费（元）			—	—	—
名 称		单位	单价（元）	消	耗	量
人工	综合工日	工日	140.00	0.460	0.510	0.555
材料	种植土	m³	—	(10.000)	(10.000)	(10.000)

工作内容：放线、设置标高桩、堆土、压实、修坡整形。 计量单位：10m³

定 额 编 号			Y1-1-50	Y1-1-51	Y1-1-52
项 目 名 称			微坡地形土方堆置		
			（坡顶与坡底高差在cm内）		
			100	120	150
基 价 （元）			86.10	94.50	103.60
其中	人 工 费 （元）		86.10	94.50	103.60
	材 料 费 （元）		—	—	—
	机 械 费 （元）		—	—	—
名 称	单位	单价(元)	消 耗		量
人工	综合工日	工日	140.00	0.615	0.675	0.740
材料	种植土	m³	—	(10.000)	(10.000)	(10.000)

第七节 人工换土
1.人工抽槽及沟槽换土

工作内容：抽槽挖土、除去大石块、集中堆放，回土填塘。

计量单位：m³

定　额　编　号				Y1-1-53	
项　目　名　称				人工抽槽(三类土)	
基　　　价（元）				39.90	
其中	人　工　费（元）			39.90	
	材　料　费（元）			—	
	机　械　费（元）			—	
	名　　　称	单位	单价(元)	消　　耗　　量	
人 工	综合工日	工日	140.00	0.285	

工作内容：装、运土到塘边、运走原土(运距按50m以内考虑)。 计量单位：m³

定　额　编　号				Y1-1-54
项　目　名　称				沟槽换土
基　　　价（元）				29.32
其中	人　工　费（元）			19.32
	材　料　费（元）			10.00
	机　械　费（元）			—
	名　　称	单位	单价(元)	消　　耗　　量
人工	综合工日	工日	140.00	0.138
材料	种植土	m³	10.00	1.000

2.人工换土乔灌木(带土球)

工作内容：装、运土到塘边，运走原土(运距按50m以内考虑)。　　　　　　　计量单位：株

定　额　编　号				Y1-1-55	Y1-1-56	Y1-1-57
项　目　名　称				人工换土乔、灌木		
				土球直径<20cm	土球直径<30cm	土球直径<40cm
基　　　价（元）				1.40	2.80	3.50
其中	人　工　费（元）			1.40	2.80	3.50
	材　料　费（元）			—	—	—
	机　械　费（元）			—	—	—
名　　　称		单位	单价(元)	消　　耗　　量		
人工	综合工日	工日	140.00	0.010	0.020	0.025
材料	种植土	m³	—	(0.032)	(0.057)	(0.076)

47

工作内容：装、运土到塘边，运走原土(运距按50m以内考虑)。　　　　　　　计量单位：株

定　额　编　号				Y1-1-58	Y1-1-59	Y1-1-60
项　目　名　称				人工换土乔、灌木		
				土球直径<50cm	土球直径<60cm	土球直径<70cm
基　　　　　价（元）				5.60	9.80	14.70
其中	人　工　费（元）			5.60	9.80	14.70
	材　料　费（元）			—	—	—
	机　械　费（元）			—	—	—
名　　　称		单位	单价（元）	消	耗	量
人工	综合工日	工日	140.00	0.040	0.070	0.105
材料	种植土	m³	—	(0.114)	(0.206)	(0.279)

工作内容：装、运土到塘边，运走原土(运距按50m以内考虑)。 计量单位：株

定 额 编 号					Y1-1-61	Y1-1-62
项 目 名 称					人工换土乔、灌木	
					土球直径<80cm	土球直径<100cm
基 价（元）					21.70	35.00
其中	人 工 费（元）				21.70	35.00
	材 料 费（元）				—	—
	机 械 费（元）				—	—
名 称		单位	单价（元）	消 耗 量		
人工	综合工日	工日	140.00	0.155		0.250
材料	种植土	m³	—	(0.411)		(0.646)

工作内容：装、运土到塘边，运走原土(运距按50m以内考虑)。

计量单位：株

定　额　编　号				Y1-1-63	Y1-1-64
项　目　名　称				人工换土乔、灌木	
				土球直径＜120cm	土球直径＜140cm
基　　　价（元）				50.40	67.20
其中	人　工　费（元）			50.40	67.20
	材　料　费（元）			—	—
	机　械　费（元）			—	—
名　　　称		单位	单价（元）	消　　耗　　量	
人工	综合工日	工日	140.00	0.360	0.480
材料	种植土	m³	—	(0.865)	(1.418)

50

工作内容：装、运土到塘边，运走原土(运距按50m以内考虑)。　　　　　　　　　　计量单位：株

定　额　编　号				Y1-1-65	Y1-1-66
项　目　名　称				人工换土乔、灌木	
				土球直径＜160cm	土球直径＜180cm
基　　　　价（元）				91.70	107.80
其中	人　工　费（元）			91.70	107.80
	材　料　费（元）			—	—
	机　械　费（元）			—	—
名　　　称		单位	单价（元）	消　　耗　　量	
人工	综合工日	工日	140.00	0.655	0.770
材料	种植土	m³	—	(1.813)	(2.263)

51

工作内容：装、运土到塘边，运走原土(运距按50m以内考虑)。 计量单位：株

定 额 编 号				Y1-1-67	Y1-1-68
项 目 名 称				人工换土乔、灌木	
				土球直径＜200cm	土球直径＜240cm
基 价（元）				134.40	214.20
其中	人 工 费（元）			134.40	214.20
	材 料 费（元）			—	—
	机 械 费（元）			—	—
名 称		单位	单价（元）	消 耗 量	
人工	综合工日	工日	140.00	0.960	1.530
材料	种植土	m³	—	(2.783)	(4.389)

工作内容：装、运土到塘边，运走原土(运距按50m以内考虑)。 计量单位：株

定 额 编 号	Y1-1-69
项 目 名 称	人工换土乔、灌木
	土球直径＜280cm
基 价（元）	328.30

其中	人 工 费（元）	328.30
	材 料 费（元）	—
	机 械 费（元）	—

	名 称	单位	单价(元)	消 耗 量
人工	综合工日	工日	140.00	2.345
材料	种植土	m³	—	(6.665)

3. 人工换土裸根乔木

工作内容: 装、运土到塘边，运走原土(运距按50m以内考虑)。

计量单位: 株

定　额　编　号				Y1-1-70	Y1-1-71	Y1-1-72
项　目　名　称				人工换土裸根乔木		
				胸径<4cm	胸径<6cm	胸径<8cm
基　　　　价（元）				2.10	5.60	14.70
其中	人　工　费（元）			2.10	5.60	14.70
	材　料　费（元）			—	—	—
	机　械　费（元）			—	—	—
名　　称		单位	单价(元)	消　　耗　　量		
人工	综合工日	工日	140.00	0.015	0.040	0.105
材料	种植土	m³	—	(0.056)	(0.166)	(0.381)

54

工作内容：装、运土到塘边，运走原土(运距按50m以内考虑)。　　　　　　　　计量单位：株

定　额　编　号				Y1-1-73	Y1-1-74	Y1-1-75
项　目　名　称				人工换土裸根乔木		
				胸径＜10cm	胸径＜12cm	胸径＜14cm
基　　　价（元）				25.90	32.20	42.00
其中	人　工　费（元）			25.90	32.20	42.00
	材　料　费（元）			—	—	—
	机　械　费（元）			—	—	—
名　　称		单位	单价（元）	消　　耗　　量		
人工	综合工日	工日	140.00	0.185	0.230	0.300
材料	种植土	m³	—	(0.664)	(1.060)	(1.383)

工作内容：装、运土到塘边，运走原土(运距按50m以内考虑)。 计量单位：株

定　额　编　号				Y1-1-76	Y1-1-77	Y1-1-78
项　目　名　称				人工换土裸根乔木		
				胸径＜16cm	胸径＜18cm	胸径＜20cm
基　　　　价（元）				47.60	67.20	80.50
其中	人　工　费（元）			47.60	67.20	80.50
	材　料　费（元）			—	—	—
	机　械　费（元）			—	—	—
名　　　称		单位	单价（元）	消	耗	量
人工	综合工日	工日	140.00	0.340	0.480	0.575
材料	种植土	m³	—	(1.509)	(2.153)	(2.957)

工作内容：装、运土到塘边，运走原土(运距按50m以内考虑)。 计量单位：株

定 额 编 号					Y1-1-79	Y1-1-80	Y1-1-81
项 目 名 称					人工换土裸根乔木		
					胸径＜24cm	胸径＜30cm	胸径＜35cm
基 价（元）					128.80	164.50	206.50
其中	人 工 费（元）				128.80	164.50	206.50
	材 料 费（元）				—	—	—
	机 械 费（元）				—	—	—
名 称		单位	单价(元)	消	耗		量
人工	综合工日	工日	140.00	0.920		1.175	1.475
材料	种植土	m³	—	(4.728)		(6.052)	(7.602)

工作内容：装、运土到塘边，运走原土(运距按50m以内考虑)。　　　　　　　　　　　计量单位：株

定　额　编　号				Y1-1-82	Y1-1-83
项　目　名　称				人工换土裸根乔木	
				胸径＜40cm	胸径＜45cm
基　　　　价（元）				255.50	291.90
其中	人　工　费（元）			255.50	291.90
	材　料　费（元）			—	—
	机　械　费（元）			—	—
名　　　称		单位	单价(元)	消　　耗　　量	
人工	综合工日	工日	140.00	1.825	2.085
材料	种植土	m³	—	(9.396)	(10.736)

58

4.人工换土裸根灌木

工作内容：装、运土到塘边，运走原土(运距按50m以内考虑)。

计量单位：株

定　额　编　号					Y1-1-84	Y1-1-85
项　目　名　称					人工换土裸根灌木	
					冠丛高＜100cm	冠丛高＜150cm
基　　　　价（元）					1.40	2.80
其中	人　工　费（元）				1.40	2.80
	材　料　费（元）				—	—
	机　械　费（元）				—	—
名　　　称		单位	单价（元）	消　　耗　　量		
人工	综合工日	工日	140.00	0.010		0.020
材料	种植土	m³	—	(0.038)		(0.078)

59

工作内容：装、运土到塘边，运走原土(运距按50m以内考虑)。 计量单位：株

定 额 编 号				Y1-1-86	Y1-1-87
项 目 名 称				人工换土裸根灌木	
				冠丛高＜200cm	冠丛高＜250cm
基 价（元）				9.10	17.50
其中	人 工 费（元）			9.10	17.50
	材 料 费（元）			—	—
	机 械 费（元）			—	—
名 称		单位	单价(元)	消 耗 量	
人工	综合工日	工日	140.00	0.065	0.125
材料	种植土	m³	—	(0.230)	(0.445)

60

第八节 屋顶花园基底处理

工作内容：1.清理基层、物料回填平整；
    2.土工布铺装、接缝压边处理；
    3.软式透水管与主水管连接、水泥固定等；
    4.铺放蓄排水板、固定；
    5.回填轻质土壤、整理平整等。

计量单位：m³

定　额　编　号			Y1-1-88	Y1-1-89
项　目　名　称			回填级配卵石	回填陶粒
			滤水层	
基　　价（元）			100.55	156.42
其中	人　工　费（元）		18.20	6.30
	材　料　费（元）		82.00	150.00
	机　械　费（元）		0.35	0.12
名　　称	单位	单价（元）	消　耗　　　量	
人工	综合工日	工日	140.00	0.130	0.045
材料	卵石 2-4cm	kg	0.05	1640.000	—
	陶粒	m³	150.00	—	1.000
机械	其他机械费占人工费	%	—	1.920	1.850

工作内容：1.清理基层、物料回填平整；
2.土工布铺装、接缝压边处理；
3.软式透水管与主水管连接、水泥固定等；
4.铺放蓄排水板、固定；
5.回填轻质土壤、整理平整等。

计量单位：m²

定　额　编　号				Y1-1-90
项　目　名　称				土工布
				过滤层
基　　　　价（元）				5.77
其中	人　工　费（元）			2.80
	材　料　费（元）			2.92
	机　械　费（元）			0.05
名　　称	单位	单价（元）	消　耗　量	
人工	综合工日	工日	140.00	0.020	
材料	土工布	m²	2.43	1.200	
机械	其他机械费占人工费	%	—	1.670	

工作内容：1.清理基层、物料回填平整；
　　　　　2.土工布铺装、接缝压边处理；
　　　　　3.软式透水管与主水管连接、水泥固定等；
　　　　　4.铺放蓄排水板、固定；
　　　　　5.回填轻质土壤、整理平整等。

计量单位：m

定　额　编　号				Y1-1-91	Y1-1-92	Y1-1-93
项　目　名　称				软式透水管		
				φ50安装	φ80安装	φ100安装
基　　　　　价（元）				12.66	18.49	24.33
其中	人　工　费（元）			3.50	4.90	6.30
	材　料　费（元）			9.07	13.47	17.87
	机　械　费（元）			0.09	0.12	0.16
名　　称		单位	单价（元）	消　　耗　　量		
人工	综合工日	工日	140.00	0.025	0.035	0.045
材料	软式透水管 φ50	m	8.00	1.100	—	—
	软式透水管 φ80	m	12.00	—	1.100	—
	软式透水管 φ100	m	16.00	—	—	1.100
	水泥砂浆 1:2.5	m³	274.23	0.001	0.001	0.001
机械	其他机械费占人工费	%	—	2.500	2.400	2.590

工作内容：1.清理基层、物料回填平整；
　　　　　2.土工布铺装、接缝压边处理；
　　　　　3.软式透水管与主水管连接、水泥固定等；
　　　　　4.铺放蓄排水板、固定；
　　　　　5.回填轻质土壤、整理平整等。

计量单位：m

定　额　编　号			Y1-1-94	Y1-1-95
项　目　名　称			软式透水管	
			φ150安装	φ200安装
基　　　　价（元）			30.16	37.10
其中	人　工　费（元）		7.70	9.10
	材　料　费（元）		22.27	27.77
	机　械　费（元）		0.19	0.23
名　　称	单位	单价（元）	消　耗	量
人工	综合工日	工日	140.00	0.055	0.065
材料	软式透水管 φ150	m	20.00	1.100	—
	软式透水管 φ200	m	25.00	—	1.100
	水泥砂浆 1:2.5	m³	274.23	0.001	0.001
机械	其他机械费占人工费	%	—	2.420	2.560

工作内容：1.清理基层、物料回填平整；
　　　　　2.土工布铺装、接缝压边处理；
　　　　　3.软式透水管与主水管连接、水泥固定等；
　　　　　4.铺放蓄排水板、固定；
　　　　　5.回填轻质土壤、整理平整等。

计量单位：㎡

定　额　编　号				Y1-1-96	
项　目　名　称				蓄排水板	
基　　　价（元）				15.33	
其中	人　工　费（元）			3.22	
	材　料　费（元）			12.00	
	机　械　费（元）			0.11	
名　　　称		单位	单价（元）	消　　耗　　量	
人工	综合工日	工日	140.00	0.023	
材料	蓄排水板	㎡	10.00	1.200	
机械	其他机械费占人工费	%	—	3.330	

工作内容：1.清理基层、物料回填平整；
　　　　　2.土工布铺装、接缝压边处理；
　　　　　3.软式透水管与主水管连接、水泥固定等；
　　　　　4.铺放蓄排水板、固定；
　　　　　5.回填轻质土壤、整理平整等。

计量单位：m³

定　额　编　号				Y1-1-97
项　目　名　称				回填轻质土壤
基　　　价（元）				186.42
其中	人　工　费（元）			6.30
	材　料　费（元）			180.00
	机　械　费（元）			0.12
	名　　　称	单位	单价（元）	消　耗　　量
人工	综合工日	工日	140.00	0.045
材料	轻质土壤	m³	180.00	1.000
机械	其他机械费占人工费	%	—	1.850

第二章 绿化栽植工程

第一节 植物起挖
1. 起挖乔木

工作内容：起挖、包扎土球、出塘、搬运集中(或上车)、回土填塘。

计量单位：株

定 额 编 号				Y1-2-1	Y1-2-2	Y1-2-3
项 目 名 称				起挖乔木(带土球)		
				土球直径<20cm	土球直径<30cm	土球直径<40cm
基 价（元）				3.03	6.20	11.33
其中	人 工 费（元）			1.96	4.06	8.12
	材 料 费（元）			1.07	2.14	3.21
	机 械 费（元）			—	—	—
名 称		单位	单价(元)	消	耗	量
人工	综合工日	工日	140.00	0.014	0.029	0.058
材料	草绳	kg	2.14	0.500	1.000	1.500

工作内容：起挖、包扎土球、出塘、搬运集中(或上车)、回土填塘。 计量单位：株

定　额　编　号				Y1-2-4	Y1-2-5	Y1-2-6
项　目　名　称				起挖乔木(带土球)		
				土球直径＜50cm	土球直径＜60cm	土球直径＜70cm
基　　　价　（元）				17.16	26.72	53.02
其中	人　工　费（元）			12.88	20.30	28.42
	材　料　费（元）			4.28	6.42	8.56
	机　械　费（元）			—	—	16.04
名　　称		单位	单价(元)	消　　耗　　量		
人工	综合工日	工日	140.00	0.092	0.145	0.203
材料	草绳	kg	2.14	2.000	3.000	4.000
机械	汽车式起重机 8t	台班	763.67	—	—	0.021

70

工作内容：起挖、包扎土球、出塘、搬运集中(或上车)、回土填塘。 计量单位：株

定 额 编 号					Y1-2-7	Y1-2-8
项 目 名 称					起挖乔木(带土球)	
					土球直径＜80cm	土球直径＜100cm
基 价 （元）					81.73	154.53
其中	人 工 费（元）				45.22	98.00
	材 料 费（元）				12.84	21.40
	机 械 费（元）				23.67	35.13
名 称		单位	单价(元)	消 耗 量		
人工	综合工日	工日	140.00	0.323		0.700
材料	草绳	kg	2.14	6.000		10.000
机械	汽车式起重机 8t	台班	763.67	0.031		0.046

71

工作内容：起挖、包扎土球、出塘、搬运集中(或上车)、回土填塘。 计量单位：株

定 额 编 号				Y1-2-9	Y1-2-10
项 目 名 称				起挖乔木(带土球)	
				土球直径<120cm	土球直径<140cm
基 价（元）				230.35	319.11
其中	人 工 费（元）			149.38	198.66
	材 料 费（元）			32.10	42.80
	机 械 费（元）			48.87	77.65
名 称		单位	单价(元)	消 耗 量	
人工	综合工日	工日	140.00	1.067	1.419
材料	草绳	kg	2.14	15.000	20.000
机械	汽车式起重机 8t	台班	763.67	0.064	—
	汽车式起重机 16t	台班	958.70	—	0.081

72

工作内容：起挖、包扎土球、出塘、搬运集中(或上车)、回土填塘。 计量单位：株

定 额 编 号				Y1-2-11	Y1-2-12
项 目 名 称				起挖乔木(带土球)	
				土球直径＜160cm	土球直径＜180cm
基 价 （元）				483.37	606.50
其中	人 工 费 （元）			279.72	335.86
	材 料 费 （元）			98.19	124.28
	机 械 费 （元）			105.46	146.36
名 称		单位	单价(元)	消 耗 量	
人工	综合工日	工日	140.00	1.998	2.399
材料	其他材料费占材料费	%	—	2.000	2.000
	草绳	kg	2.14	34.000	42.000
	麻绳	kg	9.40	2.500	3.400
机械	汽车式起重机 16t	台班	958.70	0.110	—
	汽车式起重机 25t	台班	1084.16	—	0.135

工作内容：起挖、包扎土球、出塘、搬运集中(或上车)、回土填塘。 计量单位：株

定 额 编 号				Y1-2-13	Y1-2-14
项 目 名 称				起挖乔木(带土球)	
				土球直径＜200cm	土球直径＜240cm
基 价（元）				790.19	1244.50
其中	人 工 费（元）			427.14	685.30
	材 料 费（元）			158.14	221.93
	机 械 费（元）			204.91	337.27
名 称		单位	单价(元)	消 耗 量	
人工	综合工日	工日	140.00	3.051	4.895
材料	其他材料费占材料费	%	—	2.000	2.000
	草绳	kg	2.14	54.000	74.000
	麻绳	kg	9.40	4.200	6.300
机械	汽车式起重机 25t	台班	1084.16	0.189	—
	汽车式起重机 40t	台班	1526.12	—	0.221

工作内容：起挖、包扎土球、出塘、搬运集中(或上车)、回土填塘。 计量单位：株

定　额　编　号				Y1-2-15
项　目　名　称				起挖乔木(带土球)
				土球直径＜280cm
基　　　价（元）				1713.18
其中	人　工　费（元）			943.32
	材　料　费（元）			298.29
	机　械　费（元）			471.57
名　　　称	单位	单价（元）	消　　耗　　量	
人工	综合工日	工日	140.00	6.738
材料	其他材料费占材料费	%	—	2.000
	草绳	kg	2.14	98.000
	麻绳	kg	9.40	8.800
机械	汽车式起重机 40t	台班	1526.12	0.309

工作内容：起挖、出塘、修剪、打浆、搬运集中(或上车)、回土填塘。 计量单位：株

定 额 编 号				Y1-2-16	Y1-2-17	Y1-2-18
项 目 名 称				起挖乔木(裸根)		
				胸径＜4cm	胸径＜6cm	胸径＜8cm
基 价（元）				2.66	7.42	17.64
其中	人 工 费（元）			2.66	7.42	17.64
	材 料 费（元）			—	—	—
	机 械 费（元）			—	—	—
名 称		单位	单价(元)	消 耗 量		
人工	综合工日	工日	140.00	0.019	0.053	0.126

定 额 编 号				Y1-2-19	Y1-2-20	Y1-2-21
项 目 名 称				起挖乔木(裸根)		
				胸径＜10cm	胸径＜12cm	胸径＜14cm
基 价（元）				30.38	48.02	62.86
其中	人 工 费（元）			30.38	48.02	62.86
	材 料 费（元）			—	—	—
	机 械 费（元）			—	—	—
名 称		单位	单价（元）	消	耗	量
人工	综合工日	工日	140.00	0.217	0.343	0.449

工作内容：起挖、出塘、修剪、打浆、搬运集中(或上车)、回土填塘。 计量单位：株

定　额　编　号				Y1-2-22	Y1-2-23	Y1-2-24
项　目　名　称				起挖乔木(裸根)		
				胸径＜16cm	胸径＜18cm	胸径＜20cm
基　　　　价（元）				92.00	134.99	189.23
其中	人　工　费（元）			71.68	102.76	141.26
	材　料　费（元）			4.28	8.56	12.84
	机　械　费（元）			16.04	23.67	35.13
名　　　称		单位	单价（元）	消　　耗　　量		
人工	综合工日	工日	140.00	0.512	0.734	1.009
材料	草绳	kg	2.14	2.000	4.000	6.000
机械	汽车式起重机 8t	台班	763.67	0.021	0.031	0.046

工作内容：起挖、出塘、修剪、打浆、搬运集中(或上车)、回土填塘。 计量单位：株

定 额 编 号				Y1-2-25	Y1-2-26	Y1-2-27
项 目 名 称				起挖乔木(裸根)		
				胸径＜24cm	胸径＜30cm	胸径＜35cm
基 价 (元)				295.25	399.94	489.26
其中	人 工 费 (元)			224.98	288.54	362.18
	材 料 费 (元)			21.40	42.37	49.43
	机 械 费 (元)			48.87	69.03	77.65
名 称		单位	单价(元)	消 耗 量		
人工	综合工日	工日	140.00	1.607	2.061	2.587
材料	其他材料费占材料费	%	—	—	10.000	10.000
	草绳	kg	2.14	10.000	18.000	21.000
机械	汽车式起重机 8t	台班	763.67	0.064	—	—
	汽车式起重机 16t	台班	958.70	—	0.072	0.081

工作内容：起挖、出塘、修剪、打浆、搬运集中(或上车)、回土填塘。 计量单位：株

定　额　编　号				Y1-2-28	Y1-2-29
项　目　名　称				起挖乔木(裸根)	
				胸径＜40cm	胸径＜45cm
基　　　价（元）				591.04	672.91
其中	人　工　费（元）			447.30	511.56
	材　料　费（元）			56.50	63.56
	机　械　费（元）			87.24	97.79
名　　称		单位	单价(元)	消　　耗　　量	
人工	综合工日	工日	140.00	3.195	3.654
材料	其他材料费占材料费	％	—	10.000	10.000
	草绳	kg	2.14	24.000	27.000
机械	汽车式起重机 16t	台班	958.70	0.091	0.102

80

2.起挖灌木

工作内容：起挖、包扎土球、出塘、搬运集中(或上车)、回土填塘。 计量单位：株

定 额 编 号				Y1-2-30	Y1-2-31	Y1-2-32
项 目 名 称				起挖灌木(带土球)		
				土球直径＜20cm	土球直径＜30cm	土球直径＜40cm
基 价（元）				3.73	6.90	12.03
其中	人 工 费（元）			2.66	4.76	8.82
	材 料 费（元）			1.07	2.14	3.21
	机 械 费（元）			—	—	—
名 称		单位	单价(元)	消 耗 量		
人工	综合工日	工日	140.00	0.019	0.034	0.063
材料	草绳	kg	2.14	0.500	1.000	1.500

81

工作内容：起挖、包扎土球、出塘、搬运集中(或上车)、回土填塘。　　　　　　　　计量单位：株

定　额　编　号				Y1-2-33	Y1-2-34	Y1-2-35
项　目　名　称				起挖灌木(带土球)		
				土球直径<50cm	土球直径<60cm	土球直径<70cm
基　　　价（元）				12.40	27.98	62.40
其中	人　工　费（元）			8.12	21.56	37.80
	材　料　费（元）			4.28	6.42	8.56
	机　械　费（元）			—	—	16.04
名　　　称		单位	单价（元）	消　　耗　　量		
人工	综合工日	工日	140.00	0.058	0.154	0.270
材料	草绳	kg	2.14	2.000	3.000	4.000
机械	汽车式起重机 8t	台班	763.67	—	—	0.021

工作内容：起挖、包扎土球、出塘、搬运集中(或上车)、回土填塘。 计量单位：株

定 额 编 号				Y1-2-36	Y1-2-37
项 目 名 称				起挖灌木(带土球)	
				土球直径<80cm	土球直径<100cm
基 价（元）				96.71	159.29
其中	人 工 费（元）			60.20	102.76
	材 料 费（元）			12.84	21.40
	机 械 费（元）			23.67	35.13
名 称		单位	单价(元)	消 耗 量	
人工	综合工日	工日	140.00	0.430	0.734
材料	草绳	kg	2.14	6.000	10.000
机械	汽车式起重机 8t	台班	763.67	0.031	0.046

工作内容：起挖、包扎土球、出塘、搬运集中(或上车)、回土填塘。 计量单位：株

定 额 编 号				Y1-2-38	Y1-2-39
项 目 名 称				起挖灌木(带土球)	
				土球直径＜120cm	土球直径＜140cm
基 价（元）				237.77	328.63
其中	人 工 费（元）			156.80	208.18
	材 料 费（元）			32.10	42.80
	机 械 费（元）			48.87	77.65
名 称		单位	单价(元)	消 耗 量	
人工	综合工日	工日	140.00	1.120	1.487
材料	草绳	kg	2.14	15.000	20.000
机械	汽车式起重机 8t	台班	763.67	0.064	—
	汽车式起重机 16t	台班	958.70	—	0.081

工作内容：起挖、出塘、修剪、打浆、搬运集中(或上车)、回土填塘。 计量单位：株

定 额 编 号			Y1-2-40	Y1-2-41	Y1-2-42
项 目 名 称			起挖灌木(裸根)		
			冠丛高＜50cm	冠丛高＜100cm	冠丛高＜150cm
基 价 （元）			0.70	1.96	4.06
其中	人 工 费 （元）		0.70	1.96	4.06
	材 料 费 （元）		—	—	—
	机 械 费 （元）		—	—	—
名 称	单位	单价(元)	消	耗	量
人 工					
综合工日	工日	140.00	0.005	0.014	0.029

85

工作内容：起挖、出塘、修剪、打浆、搬运集中(或上车)、回土填塘。　　　　　　　　　　　　　　计量单位：株

定　额　编　号				Y1-2-43	Y1-2-44
项　目　名　称				起挖灌木(裸根)	
				冠丛高＜200cm	冠丛高＜250cm
基　　　　　价（元）				11.48	22.96
其中	人　工　费（元）			11.48	22.96
	材　料　费（元）			—	—
	机　械　费（元）			—	—
名　　　称		单位	单价(元)	消　　耗　　　　量	
人　工	综合工日	工日	140.00	0.082	0.164

3.起挖竹类

工作内容：起挖、包扎、出塘、修剪、搬运集中(或上车)、回土填塘。　　　　　　计量单位：株

定　额　编　号					Y1-2-45	Y1-2-46	Y1-2-47
项　目　名　称					起挖竹类(散生竹)		
					胸径＜2cm	胸径＜4cm	胸径＜6cm
基　　　价（元）					3.03	6.20	8.16
其中	人　工　费（元）				1.96	4.06	6.02
	材　料　费（元）				1.07	2.14	2.14
	机　械　费（元）				—	—	—
名　　　称		单位	单价（元）	消	耗		量
人工	综合工日	工日	140.00	0.014	0.029		0.043
材料	草绳	kg	2.14	0.500	1.000		1.000

87

工作内容：起挖、包扎、出塘、修剪、搬运集中(或上车)、回土填塘。 计量单位：株

定 额 编 号				Y1-2-48	Y1-2-49
项 目 名 称				起挖竹类(散生竹)	
				胸径＜8cm	胸径＜10cm
基 价（元）				**13.29**	**20.15**
其 中	人 工 费（元）			10.08	16.94
	材 料 费（元）			3.21	3.21
	机 械 费（元）			—	—
名 称	单位	单价(元)		消 耗 量	
人 工	综合工日	工日	140.00	0.072	0.121
材 料	草绳	kg	2.14	1.500	1.500

88

工作内容：起挖、包扎、出塘、修剪、搬运集中(或上车)、回土填塘。　　　　　　　　计量单位：丛

定　额　编　号				Y1-2-50	Y1-2-51	Y1-2-52
项　目　名　称				起挖竹类根盘(丛生竹)		
				丛径＜30cm	丛径＜40cm	丛径＜50cm
基　　　　价（元）				5.83	10.96	18.38
其中	人　工　费（元）			4.76	8.82	16.24
	材　料　费（元）			1.07	2.14	2.14
	机　械　费（元）			—	—	—
名　　　　称		单位	单价（元）	消　　　耗　　　量		
人工	综合工日	工日	140.00	0.034	0.063	0.116
材料	草绳	kg	2.14	0.500	1.000	1.000

工作内容：起挖、包扎、出塘、修剪、搬运集中(或上车)、回土填塘。 计量单位：丛

定　额　编　号				Y1-2-53	Y1-2-54	Y1-2-55
项　目　名　称				起挖竹类根盘(丛生竹)		
				丛径＜60cm	丛径＜70cm	丛径＜80cm
基　　　价（元）				30.23	52.10	69.62
其中	人　工　费（元）			27.02	31.78	40.60
	材　料　费（元）			3.21	4.28	5.35
	机　械　费（元）			—	16.04	23.67
名　　　称		单位	单价(元)	消	耗	量
人工	综合工日	工日	140.00	0.193	0.227	0.290
材料	草绳	kg	2.14	1.500	2.000	2.500
机械	汽车式起重机 8t	台班	763.67	—	0.021	0.031

90

4.起挖绿篱

工作内容：起挖、包扎、出塘、修剪、搬运集中(或上车)、回土填塘。 计量单位：m

定 额 编 号				Y1-2-56	Y1-2-57	Y1-2-58
项 目 名 称				起挖绿篱(单排)		
				高＜40cm	高＜80cm	高＜120cm
基 价（元）				0.73	0.97	1.85
其中	人 工 费（元）			0.56	0.70	1.40
	材 料 费（元）			0.17	0.27	0.45
	机 械 费（元）			—	—	—
名 称		单位	单价(元)	消 耗 量		
人工	综合工日	工日	140.00	0.004	0.005	0.010
材料	其他材料费占人工费	%	—	30.000	39.000	32.000

91

工作内容：起挖、包扎、出塘、修剪、搬运集中(或上车)、回土填塘。 计量单位：m

定 额 编 号				Y1-2-59	Y1-2-60
项 目 名 称				起挖绿篱(单排)	
				高＜160cm	高＜200cm
基 价 （元）				2.94	4.88
其中	人 工 费 （元）			2.38	4.20
	材 料 费 （元）			0.56	0.68
	机 械 费 （元）			—	—
名 称		单位	单价（元）	消 耗 量	
人工	综合工日	工日	140.00	0.017	0.030
材料	其他材料费占人工费	%	—	23.400	16.200

工作内容：起挖、包扎、出塘、修剪、搬运集中(或上车)、回土填塘。 计量单位：m

定 额 编 号				Y1-2-61	Y1-2-62	Y1-2-63
项 目 名 称				起挖绿篱(双排)		
				高<40cm	高<80cm	高<120cm
基 价（元）				1.06	1.50	2.70
其中	人 工 费（元）			0.84	1.12	2.10
	材 料 费（元）			0.22	0.38	0.60
	机 械 费（元）			—	—	—
名 称		单位	单价（元）	消 耗		量
人工	综合工日	工日	140.00	0.006	0.008	0.015
材料	其他材料费占人工费	%	—	25.600	33.500	28.600

93

工作内容：起挖、包扎、出塘、修剪、搬运集中(或上车)、回土填塘。 计量单位：m

定 额 编 号				Y1-2-64	Y1-2-65
项 目 名 称				起挖绿篱(双排)	
				高＜160cm	高＜200cm
基 价（元）				4.13	6.81
其中	人 工 费（元）			3.36	5.88
	材 料 费（元）			0.77	0.93
	机 械 费（元）			—	—
名 称		单位	单价(元)	消 耗 量	
人工	综合工日	工日	140.00	0.024	0.042
材料	其他材料费占人工费	%	—	22.900	15.900

5. 起挖色块

工作内容：起挖、包扎、搬运集中、回土、清理场地。

计量单位：㎡

定　额　编　号				Y1-2-66	Y1-2-67	Y1-2-68
项　目　名　称				起挖花坛等色带植物(花灌木等)		
				＜25株/㎡	＜49株/㎡	＜81株/㎡
基　　　　　价（元）				2.30	2.66	4.00
其中	人　工　费（元）			1.82	2.10	3.22
	材　料　费（元）			0.48	0.56	0.78
	机　械　费（元）			—	—	—
名　　称		单位	单价（元）	消　　耗　　量		
人工	综合工日	工日	140.00	0.013	0.015	0.023
材料	其他材料费占人工费	%	—	26.500	26.500	24.300

6. 起挖棕榈类

工作内容：起挖、包扎、出塘、修剪、搬运集中(或上车)、回土填塘。

计量单位：株

定　额　编　号					Y1-2-69	Y1-2-70	Y1-2-71
项　目　名　称					起挖棕榈类		
					（土球直径≤mm)		
					200	400	600
基　　　价（元）					4.94	10.58	21.36
其中	人　工　费（元）				2.80	6.30	17.08
	材　料　费（元）				2.14	4.28	4.28
	机　械　费（元）				—	—	—
名　　　称		单位	单价(元)		消　　耗　　量		
人工	综合工日	工日	140.00		0.020	0.045	0.122
材料	草绳	kg	2.14		1.000	2.000	2.000

96

工作内容：起挖、包扎、出塘、修剪、搬运集中(或上车)、回土填塘。 计量单位：株

定 额 编 号				Y1-2-72	Y1-2-73
项 目 名 称				起挖棕榈类	
				(土球直径≤㎜)	
				800	1000
基 价（元）				61.97	112.49
其中	人 工 费（元）			34.02	73.08
	材 料 费（元）			4.28	4.28
	机 械 费（元）			23.67	35.13
名 称		单位	单价（元）	消 耗	量
人工	综合工日	工日	140.00	0.243	0.522
材料	草绳	kg	2.14	2.000	2.000
机械	汽车式起重机 8t	台班	763.67	0.031	0.046

第二节 植物栽植
1. 栽植乔木

工作内容：挖塘、栽植(落塘、扶正、回土、捣实、筑水围)、浇水、覆土、保墒、整形、清理。

计量单位：株

定　额　编　号				Y1-2-74	Y1-2-75	Y1-2-76
项　目　名　称				栽植乔木(带土球)		
				土球直径<20cm	土球直径<30cm	土球直径<40cm
基　　　价（元）				3.56	5.66	9.22
其中	人　工　费（元）			3.36	5.46	8.82
	材　料　费（元）			0.20	0.20	0.40
	机　械　费（元）			—	—	—
名　　称		单位	单价(元)	消	耗	量
人工	综合工日	工日	140.00	0.024	0.039	0.063
材料	水	m³	7.96	0.025	0.025	0.050

工作内容：挖塘、栽植(落塘、扶正、回土、捣实、筑水围)、浇水、覆土、保墒、整形、清理。

计量单位：株

定 额 编 号				Y1-2-77	Y1-2-78	Y1-2-79
项 目 名 称				栽植乔木(带土球)		
				土球直径<50cm	土球直径<60cm	土球直径<70cm
基 价 （元）				14.74	23.76	47.42
其中	人 工 费（元）			14.14	22.96	30.38
	材 料 费（元）			0.60	0.80	1.00
	机 械 费（元）			—	—	16.04
名 称		单位	单价(元)	消 耗 量		
人工	综合工日	工日	140.00	0.101	0.164	0.217
材料	水	m³	7.96	0.075	0.100	0.125
机械	汽车式起重机 8t	台班	763.67	—	—	0.021

工作内容：挖塘、栽植(落塘、扶正、回土、捣实、筑水围)、浇水、覆土、保墒、整形、清理。

计量单位：株

定 额 编 号				Y1-2-80	Y1-2-81
项 目 名 称				栽植乔木(带土球)	
				土球直径<80cm	土球直径<100cm
基 价（元）				69.52	115.92
其中	人 工 费（元）			44.66	78.40
	材 料 费（元）			1.19	2.39
	机 械 费（元）			23.67	35.13
名 称		单位	单价(元)	消 耗 量	
人工	综合工日	工日	140.00	0.319	0.560
材料	水	m³	7.96	0.150	0.300
机械	汽车式起重机 8t	台班	763.67	0.031	0.046

100

工作内容：挖塘、栽植(落塘、扶正、回土、捣实、筑水围)、浇水、覆土、保墒、整形、清理。

计量单位：株

定 额 编 号					Y1-2-82	Y1-2-83
项 目 名 称					栽植乔木(带土球)	
					土球直径＜120cm	土球直径＜140cm
基 价（元）					170.35	260.69
其中	人 工 费（元）				118.30	179.06
	材 料 费（元）				3.18	3.98
	机 械 费（元）				48.87	77.65
名 称		单位	单价（元）	消 耗 量		
人工	综合工日	工日	140.00	0.845		1.279
材料	水	m³	7.96	0.400		0.500
机械	汽车式起重机 8t	台班	763.67	0.064		—
	汽车式起重机 16t	台班	958.70	—		0.081

工作内容：挖塘、栽植(落塘、扶正、回土、捣实、筑水围)、浇水、覆土、保墒、整形、清理。

计量单位：株

定 额 编 号				Y1-2-84	Y1-2-85
项 目 名 称				栽植乔木(带土球)	
				土球直径＜160cm	土球直径＜180cm
基 价 （元）				420.07	551.68
其中	人 工 费（元）			248.64	312.90
	材 料 费（元）			7.16	9.55
	机 械 费（元）			164.27	229.23
名 称		单位	单价（元）	消 耗 量	
人工	综合工日	工日	140.00	1.776	2.235
材料	其他材料费占材料费	%	—	20.000	20.000
	水	m³	7.96	0.750	1.000
机械	汽车式起重机 16t	台班	958.70	0.119	—
	载重汽车 8t	台班	501.85	0.100	0.150
	汽车式起重机 25t	台班	1084.16	—	0.142

工作内容：挖塘、栽植(落塘、扶正、回土、捣实、筑水围)、浇水、覆土、保墒、整形、清理。

计量单位：株

定　额　编　号				Y1-2-86	Y1-2-87
项　目　名　称				栽植乔木(带土球)	
				土球直径＜200cm	土球直径＜240cm
基　　　　　价（元）				727.09	1131.50
其中	人　工　费（元）			423.78	626.50
	材　料　费（元）			13.37	17.19
	机　械　费（元）			289.94	487.81
名　　　称		单位	单价（元）	消　　　耗　　　量	
人工	综合工日	工日	140.00	3.027	4.475
材料	其他材料费占材料费	%	—	20.000	20.000
	水	m³	7.96	1.400	1.800
机械	载重汽车 8t	台班	501.85	0.150	—
	汽车式起重机 25t	台班	1084.16	0.198	—
	载重汽车 15t	台班	779.76	—	0.150
	汽车式起重机 40t	台班	1526.12	—	0.243

103

工作内容：挖塘、栽植(落塘、扶正、回土、捣实、筑水围)、浇水、覆土、保墒、整形、清理。

计量单位：株

定　额　编　号				Y1-2-88	
项　目　名　称				栽植乔木(带土球)	
				土球直径＜280cm	
基　　　价（元）				1709.18	
其中	人　工　费（元）			1004.22	
	材　料　费（元）			23.88	
	机　械　费（元）			681.08	
名　　称		单位	单价（元）	消　　耗　　量	
人工	综合工日	工日	140.00	7.173	
材料	其他材料费占材料费	%	—	20.000	
	水	m³	7.96	2.500	
机械	平板拖车组 20t	台班	1081.33	0.150	
	汽车式起重机 40t	台班	1526.12	0.340	

工作内容：挖塘、栽植(落塘、扶正、回土、捣实、筑水围)、浇水、覆土、保墒、整形、清理。

计量单位：株

定 额 编 号					Y1-2-89	Y1-2-90	Y1-2-91
项 目 名 称					栽植乔木(裸根)		
					胸径＜4cm	胸径＜6cm	胸径＜8cm
基 价 （元）					3.56	9.22	19.50
其中	人 工 费（元）				3.36	8.82	18.90
	材 料 费（元）				0.20	0.40	0.60
	机 械 费（元）				—	—	—
名 称		单位	单价(元)	消 耗 量			
人工	综合工日	工日	140.00	0.024		0.063	0.135
材料	水	m³	7.96	0.025		0.050	0.075

105

工作内容：挖塘、栽植(落塘、扶正、回土、捣实、筑水围)、浇水、覆土、保墒、整形、清理。

计量单位：株

定 额 编 号				Y1-2-92	Y1-2-93	Y1-2-94
项 目 名 称				栽植乔木(裸根)		
				胸径＜10cm	胸径＜12cm	胸径＜14cm
基 价（元）				31.28	51.17	66.41
其中	人 工 费（元）			31.08	49.98	64.82
	材 料 费（元）			0.20	1.19	1.59
	机 械 费（元）			—	—	—
名 称		单位	单价(元)	消	耗	量
人工	综合工日	工日	140.00	0.222	0.357	0.463
材料	水	m³	7.96	0.025	0.150	0.200

工作内容：挖塘、栽植(落塘、扶正、回土、捣实、筑水围)、浇水、覆土、保墒、整形、清理。

计量单位：株

定 额 编 号				Y1-2-95	Y1-2-96	Y1-2-97
项 目 名 称				栽植乔木(裸根)		
				胸径＜16cm	胸径＜18cm	胸径＜20cm
基 价（元）				95.43	136.33	187.09
其中	人 工 费（元）			77.00	109.48	147.98
	材 料 费（元）			2.39	3.18	3.98
	机 械 费（元）			16.04	23.67	35.13
名 称		单位	单价（元）	消	耗	量
人工	综合工日	工日	140.00	0.550	0.782	1.057
材料	水	m³	7.96	0.300	0.400	0.500
机械	汽车式起重机 8t	台班	763.67	0.021	0.031	0.046

工作内容：挖塘、栽植(落塘、扶正、回土、捣实、筑水围)、浇水、覆土、保墒、整形、清理。

计量单位：株

定　额　编　号				Y1-2-98	Y1-2-99	Y1-2-100
项　目　名　称				栽植乔木(裸根)		
				胸径<24cm	胸径<30cm	胸径<35cm
基　　　　　价　（元）				289.34	405.09	513.80
其中	人　工　费（元）			234.50	301.42	385.14
	材　料　费（元）			5.97	9.55	13.37
	机　械　费（元）			48.87	94.12	115.29
名　　　称		单位	单价(元)	消　　耗　　量		
人工	综合工日	工日	140.00	1.675	2.153	2.751
材料	其他材料费占材料费	%	—	—	20.000	20.000
	水	m³	7.96	0.750	1.000	1.400
机械	汽车式起重机 8t	台班	763.67	0.064	—	—
	载重汽车 8t	台班	501.85	—	0.050	0.075
	汽车式起重机 16t	台班	958.70	—	0.072	0.081

108

工作内容：挖塘、栽植(落塘、扶正、回土、捣实、筑水围)、浇水、覆土、保墒、整形、清理。

计量单位：株

定　额　编　号				Y1-2-101	Y1-2-102
项　目　名　称				栽植乔木(裸根)	
				胸径＜40cm	胸径＜45cm
基　　　价（元）				633.14	767.26
其中	人　工　费（元）			478.52	565.60
	材　料　费（元）			17.19	23.88
	机　械　费（元）			137.43	177.78
名　　　称		单位	单价（元）	消　耗　　　量	
人工	综合工日	工日	140.00	3.418	4.040
材料	其他材料费占材料费	%	—	20.000	20.000
	水	m³	7.96	1.800	2.500
机械	载重汽车 8t	台班	501.85	0.100	0.125
	汽车式起重机 16t	台班	958.70	0.091	0.120

2.栽植灌木

工作内容：挖塘、栽植(落塘、扶正、回土、捣实、筑水围)、浇水、覆土、保墒、整形、清理。

计量单位：株

定 额 编 号				Y1-2-103	Y1-2-104	Y1-2-105
项 目 名 称				栽植灌木(带土球)		
				土球直径<20cm	土球直径<30cm	土球直径<40cm
基 价（元）				3.56	6.22	9.92
其中	人 工 费（元）			3.36	6.02	9.52
	材 料 费（元）			0.20	0.20	0.40
	机 械 费（元）			—	—	—
名 称		单位	单价(元)	消	耗	量
人工	综合工日	工日	140.00	0.024	0.043	0.068
材料	水	m³	7.96	0.025	0.025	0.050

110

工作内容：挖塘、栽植(落塘、扶正、回土、捣实、筑水围)、浇水、覆土、保墒、整形、清理。

计量单位：株

定 额 编 号				Y1-2-106	Y1-2-107	Y1-2-108
项 目 名 称				栽植灌木(带土球)		
				土球直径＜50cm	土球直径＜60cm	土球直径＜70cm
基 价 （元）				16.14	25.16	50.28
其中	人 工 费 （元）			15.54	24.36	32.48
	材 料 费 （元）			0.60	0.80	1.00
	机 械 费 （元）			—	—	16.80
名 称		单位	单价（元）	消 耗 量		
人工	综合工日	工日	140.00	0.111	0.174	0.232
材料	水	m³	7.96	0.075	0.100	0.125
机械	汽车式起重机 8t	台班	763.67	—	—	0.022

111

工作内容：挖塘、栽植(落塘、扶正、回土、捣实、筑水围)、浇水、覆土、保墒、整形、清理。

定 额 编 号				Y1-2-109	Y1-2-110
项 目 名 称				栽植灌木(带土球)	
				土球直径＜80cm	土球直径＜100cm
基 价（元）				73.71	122.91
其中	人 工 费（元）			47.32	83.86
	材 料 费（元）			1.19	2.39
	机 械 费（元）			25.20	36.66
名 称		单位	单价(元)	消 耗 量	
人工	综合工日	工日	140.00	0.338	0.599
材料	水	m³	7.96	0.150	0.300
机械	汽车式起重机 8t	台班	763.67	0.033	0.048

工作内容：挖塘、栽植(落塘、扶正、回土、捣实、筑水围)、浇水、覆土、保墒、整形、清理。

定　额　编　号			Y1-2-111	Y1-2-112
项　目　名　称			栽植灌木(带土球)	
			土球直径＜120cm	土球直径＜140cm
基　　　　价（元）			182.03	278.81
其中	人　工　费（元）		127.68	193.34
	材　料　费（元）		3.18	3.98
	机　械　费（元）		51.17	81.49
名　　　称		单位	单价（元）	消　　耗　　量	
人工	综合工日	工日	140.00	0.912	1.381
材料	水	m³	7.96	0.400	0.500
机械	汽车式起重机 8t	台班	763.67	0.067	—
	汽车式起重机 16t	台班	958.70	—	0.085

工作内容：挖塘、栽植(落塘、扶正、回土、捣实、筑水围)、浇水、覆土、保墒、整形、清理。

计量单位：株

定　额　编　号				Y1-2-113	Y1-2-114	Y1-2-115
项　目　名　称				栽植灌木(裸根)		
				冠丛高＜50cm	冠丛高＜100cm	冠丛高＜150cm
基　　　价（元）				1.52	2.86	4.26
其中	人　工　费（元）			1.40	2.66	4.06
	材　料　费（元）			0.12	0.20	0.20
	机　械　费（元）			—	—	—
名　　　称		单位	单价(元)	消	耗	量
人工	综合工日	工日	140.00	0.010	0.019	0.029
材料	水	m³	7.96	0.015	0.025	0.025

工作内容：挖塘、栽植(落塘、扶正、回土、捣实、筑水围)、浇水、覆土、保墒、整形、清理。

计量单位：株

定 额 编 号				Y1-2-116	Y1-2-117
项 目 名 称				栽植灌木(裸根)	
				冠丛高<200cm	冠丛高<250cm
基 价 （元）				11.88	22.16
其中	人 工 费（元）			11.48	21.56
	材 料 费（元）			0.40	0.60
	机 械 费（元）			—	—
名 称		单位	单价(元)	消 耗 量	
人工	综合工日	工日	140.00	0.082	0.154
材料	水	m³	7.96	0.050	0.075

3.栽植棕榈类

工作内容：挖塘、栽植(落塘、扶正、回土、捣实、筑水围)、浇水、覆土、保墒、整形、清理。

计量单位：株

定 额 编 号				Y1-2-118	Y1-2-119	Y1-2-120
项 目 名 称				栽植棕榈类		
				(土球直径≤mm)		
				200	400	600
基 价 （元）				4.08	12.16	32.00
其中	人 工 费 （元）			3.92	11.76	31.36
	材 料 费 （元）			0.16	0.40	0.64
	机 械 费 （元）			—	—	—
名 称		单位	单价(元)	消 耗		量
人工	综合工日	工日	140.00	0.028	0.084	0.224
材料	水	m³	7.96	0.020	0.050	0.080

工作内容：挖塘、栽植(落塘、扶正、回土、捣实、筑水围)、浇水、覆土、保墒、整形、清理。

计量单位：株

定 额 编 号			Y1-2-121	Y1-2-122
项 目 名 称			栽植棕榈类	
			(土球直径≤mm)	
			800	1000
基 价（元）			**76.80**	**120.82**
其中	人 工 费（元）		51.94	83.30
	材 料 费（元）		1.19	2.39
	机 械 费（元）		23.67	35.13
名 称	单位	单价(元)	消 耗 量	
人工	综合工日	工日	140.00	0.371	0.595
材料	水	m³	7.96	0.150	0.300
机械	汽车式起重机 8t	台班	763.67	0.031	0.046

4.栽植竹类

工作内容：挖塘、栽植(落塘、扶正、回土、捣实、筑水围)、浇水、覆土、保墒、整形、清理。

计量单位：株

定 额 编 号				Y1-2-123	Y1-2-124	Y1-2-125
项 目 名 称				栽植竹类(散生竹)		
				胸径＜2cm	胸径＜4cm	胸径＜6cm
基 价 （元）				2.86	4.36	6.42
其中	人 工 费 （元）			2.66	4.06	6.02
	材 料 费 （元）			0.20	0.30	0.40
	机 械 费 （元）			—	—	—
名 称		单位	单价(元)	消	耗	量
人工	综合工日	工日	140.00	0.019	0.029	0.043
材料	水	m³	7.96	0.025	0.038	0.050

118

工作内容：挖塘、栽植(落塘、扶正、回土、捣实、筑水围)、浇水、覆土、保墒、整形、清理。

定 额 编 号				Y1-2-126	Y1-2-127
项 目 名 称				\multicolumn{2}{}{栽植竹类(散生竹)}	
				胸径＜8cm	胸径＜10cm
基 价（元）				22.44	32.27
其中	人 工 费（元）			21.56	31.08
	材 料 费（元）			0.88	1.19
	机 械 费（元）			—	—
名 称		单位	单价(元)	消 耗 量	
人工	综合工日	工日	140.00	0.154	0.222
材料	水	m³	7.96	0.110	0.150

119

工作内容：挖塘、栽植(落塘、扶正、回土、捣实、筑水围)、浇水、覆土、保墒、整形、清理。

计量单位：丛

定 额 编 号				Y1-2-128	Y1-2-129	Y1-2-130
项 目 名 称				栽植竹类根盘(丛生竹)		
				丛径<30cm	丛径<40cm	丛径<50cm
基 价 （元）				4.96	8.42	20.00
其中	人 工 费（元）			4.76	8.12	19.60
	材 料 费（元）			0.20	0.30	0.40
	机 械 费（元）			—	—	—
名 称		单位	单价(元)	消 耗 量		
人工	综合工日	工日	140.00	0.034	0.058	0.140
材料	水	m³	7.96	0.025	0.038	0.050

工作内容：挖塘、栽植(落塘、扶正、回土、捣实、筑水围)、浇水、覆土、保墒、整形、清理。

计量单位：丛

定 额 编 号				Y1-2-131	Y1-2-132	Y1-2-133
项 目 名 称				栽植竹类根盘(丛生竹)		
				丛径＜60cm	丛径＜70cm	丛径＜80cm
基 价 （元）				23.56	43.16	54.85
其中	人 工 费 （元）			22.96	26.32	30.38
	材 料 费 （元）			0.60	0.80	0.80
	机 械 费 （元）			—	16.04	23.67
名 称		单位	单价(元)	消 耗		量
人工	综合工日	工日	140.00	0.164	0.188	0.217
材料	水	m³	7.96	0.075	0.100	0.100
机械	汽车式起重机 8t	台班	763.67	—	0.021	0.031

121

工作内容：挖塘、栽植(落塘、扶正、回土、捣实、筑水围)、浇水、覆土、保墒、整形、清理。

定　额　编　号				Y1-2-134	Y1-2-135
项　目　名　称				栽植竹类(丛生竹)	
				＜5株	每增3株
基　　　　价（元）				24.22	10.40
其中	人　工　费（元）			23.66	10.08
	材　料　费（元）			0.56	0.32
	机　械　费（元）			—	—
名　　　　称		单位	单价(元)	消　　耗　　量	
人工	综合工日	工日	140.00	0.169	0.072
材料	水	m³	7.96	0.070	0.040

5.栽植绿篱

工作内容：开沟、排苗、回土、捣实、筑水围、浇水、覆土、保墒、整形、清理。　　　　计量单位：m

定　额　编　号				Y1-2-136	Y1-2-137	Y1-2-138	Y1-2-139
项　目　名　称				栽植绿篱(单排)			
				高<40cm	高<60cm	高<80cm	高<100cm
基　　　价（元）				3.76	5.50	8.42	10.60
其中	人　工　费（元）			3.64	5.32	8.12	10.22
	材　料　费（元）			0.12	0.18	0.30	0.38
	机　械　费（元）			—	—	—	—
名　　称		单位	单价（元）	消　　耗　　量			
人工	综合工日	工日	140.00	0.026	0.038	0.058	0.073
材料	水	m³	7.96	0.015	0.022	0.038	0.048

123

工作内容：开沟、排苗、回土、捣实、筑水围、浇水、覆土、保墒、整形、清理。 计量单位：m

定　额　编　号				Y1-2-140	Y1-2-141	Y1-2-142	Y1-2-143
项　目　名　称				栽植绿篱(单排)			
				高<120cm	高<150cm	高<170cm	高<190cm
基　　　价（元）				13.22	18.21	19.80	21.39
其中	人　工　费（元）			12.74	17.64	19.18	20.72
	材　料　费（元）			0.48	0.57	0.62	0.67
	机　械　费（元）			—	—	—	—
名　　　称		单位	单价（元）	消　　　耗　　　量			
人工	综合工日	工日	140.00	0.091	0.126	0.137	0.148
材料	水	m³	7.96	0.060	0.072	0.078	0.084

工作内容：开沟、排苗、回土、捣实、筑水围、浇水、覆土、保墒、整形、清理。　　　　计量单位：m

定　额　编　号				Y1-2-144	Y1-2-145	Y1-2-146	Y1-2-147
项　目　名　称				栽植绿篱（双排）			
				高<40cm	高60cm	高<80cm	高<100cm
基　　价（元）				4.48	7.22	12.14	16.33
其中	人　工　费（元）			4.34	7.00	11.76	15.82
	材　料　费（元）			0.14	0.22	0.38	0.51
	机　械　费（元）			—	—	—	—
	名　　称	单位	单价（元）	消　　耗　　　量			
人工	综合工日	工日	140.00	0.031	0.050	0.084	0.113
材料	水	m³	7.96	0.018	0.028	0.048	0.064

125

6.栽植色块

工作内容：清理杂物、平床、放样、栽植、浇水、修剪、清理。

计量单位：m²

定 额 编 号				Y1-2-148	Y1-2-149	Y1-2-150
项 目 名 称				栽植普通花坛等色带植物(花灌木)		
				<16株/m²	<25株/m²	<36株/m²
基 价 （元）				9.45	10.61	12.21
其中	人 工 费（元）			9.10	10.22	11.76
	材 料 费（元）			0.35	0.39	0.45
	机 械 费（元）			—	—	—
名 称		单位	单价(元)	消 耗 量		
人工	综合工日	工日	140.00	0.065	0.073	0.084
材料	水	m³	7.96	0.044	0.049	0.056

126

工作内容：清理杂物、平床、放样、栽植、浇水、修剪、清理。 计量单位：m²

定 额 编 号					Y1-2-151	Y1-2-152	Y1-2-153
项 目 名 称					栽植普通花坛等色带植物(花灌木)		
					<49株/m²	<64株/m²	<81株/m²
基 价（元）					12.53	13.28	15.06
其中	人 工 费（元）				12.04	12.74	14.42
	材 料 费（元）				0.49	0.54	0.64
	机 械 费（元）				—	—	—
名 称		单位	单价(元)	消	耗		量
人工	综合工日	工日	140.00	0.086	0.091		0.103
材料	水	m³	7.96	0.061	0.068		0.080

工作内容：清理杂物、平床、放样、栽植、浇水、修剪、清理。 计量单位：m²

定　额　编　号				Y1-2-154	Y1-2-155	Y1-2-156
项　目　名　称				栽植彩纹图案花坛等色带植物(花灌木)		
				<16株/m²	<25株/m²	<36株/m²
基　　　　价（元）				12.11	13.13	14.31
其中	人　工　费（元）			11.76	12.74	13.86
	材　料　费（元）			0.35	0.39	0.45
	机　械　费（元）			—	—	—
名　　　称		单位	单价（元）	消	耗	量
人工	综合工日	工日	140.00	0.084	0.091	0.099
材料	水	m³	7.96	0.044	0.049	0.056

128

工作内容：清理杂物、平床、放样、栽植、浇水、修剪、清理。　　　　　　　　　　　计量单位：m²

定　额　编　号				Y1-2-157	Y1-2-158	Y1-2-159
项　目　名　称				栽植彩纹图案花坛等色带植物(花灌木)		
				＜49株/m²	＜64株/m²	＜81株/m²
基　　　　价（元）				15.47	16.78	20.38
其中	人　工　费（元）			14.98	16.24	19.74
	材　料　费（元）			0.49	0.54	0.64
	机　械　费（元）			—	—	—
名　　　称		单位	单价（元）	消　　　耗　　　量		
人工	综合工日	工日	140.00	0.107	0.116	0.141
材料	水	m³	7.96	0.061	0.068	0.080

工作内容：清理杂物、平床、放样、栽植、浇水、修剪、清理。

计量单位：m²

定 额 编 号				Y1-2-160	Y1-2-161
项 目 名 称				露地栽植	
				立体花坛	五色草一般图案花坛
基 价（元）				26.44	32.97
其中	人 工 费（元）			26.04	31.64
	材 料 费（元）			0.40	1.33
	机 械 费（元）			—	—
	名 称	单位	单价（元）	消 耗 量	
人工	综合工日	工日	140.00	0.186	0.226
材料	水	m³	7.96	0.050	0.050
	有机肥	kg	2.60	—	0.360

工作内容：清理杂物、平床、放样、栽植、浇水、修剪、清理。 计量单位：m²

定 额 编 号				Y1-2-162	Y1-2-163
项 目 名 称				露地栽植	
				五色草彩纹图案花坛	五色草立体图案花坛
基 价（元）				39.13	51.03
其中	人 工 费（元）			37.80	49.70
	材 料 费（元）			1.33	1.33
	机 械 费（元）			—	—
名 称		单位	单价(元)	消 耗 量	
人工	综合工日	工日	140.00	0.270	0.355
材料	水	m³	7.96	0.050	0.050
	有机肥	kg	2.60	0.360	0.360

7. 栽植花卉

工作内容：翻整土地、清除杂物、施基肥、浇水、栽植、清理运输弃物。

计量单位：株

定 额 编 号				Y1-2-164	Y1-2-165	Y1-2-166
项 目 名 称				单植花卉		
				草本类	木本花	球块根类
基 价（元）				4.14	3.50	2.84
其中	人 工 费（元）			2.52	1.96	1.26
	材 料 费（元）			1.62	1.54	1.58
	机 械 费（元）			—	—	—
名 称		单位	单价（元）	消	耗	量
人工	综合工日	工日	140.00	0.018	0.014	0.009
材料	水	m³	7.96	0.040	0.030	0.035
	有机肥	kg	2.60	0.500	0.500	0.500

8.栽植地被植物

工作内容：挖土翻土、平整种植床、种植、施肥、填熟耕土、淋定根水、栽植期淋水、清理场地。

计量单位：100m²

定 额 编 号				Y1-2-167	
项 目 名 称				栽植地被植物	
基 价（元）				1085.96	
其中	人 工 费（元）			952.56	
	材 料 费（元）			133.40	
	机 械 费（元）			—	
名 称		单位	单价（元）	消 耗 量	
人工	综合工日	工日	140.00	6.804	
材料	种植土	m³	—	(15.000)	
	水	m³	7.96	5.000	
	有机肥	kg	2.60	36.000	

9. 栽植水生植物

工作内容：挖淤泥、施基肥、种植、养护。

计量单位：100株

定　额　编　号				Y1-2-168
项　目　名　称				栽种水生植物
				荷花
				水深≤500mm
基　　　　价（元）				213.16
其中	人　工　费（元）			83.16
	材　料　费（元）			130.00
	机　械　费（元）			—
名　　　称	单位	单价（元）	消　　耗　　量	
人工	综合工日	工日	140.00	0.594
材料	有机肥	kg	2.60	50.000

注：荷花以2节以上且带芽为一株。

工作内容：挖淤泥、施基肥、种植、养护。 计量单位：100株

定　额　编　号	Y1-2-169
项　目　名　称	栽种水生植物
	荷花
	水深＞500mm
基　　　价（元）	296.32

其中	人　工　费（元）	166.32
	材　料　费（元）	130.00
	机　械　费（元）	—

	名　　　称	单位	单价（元）	消　　耗　　量
人工	综合工日	工日	140.00	1.188
材料	有机肥	kg	2.60	50.000

注：荷花以2节以上且带芽为一株。

工作内容：清淤泥土、种植搬运、放水养护、清理垃圾。　　　　　　　　　　计量单位：丛

定　额　编　号				Y1-2-170
项　目　名　称				栽植水生植物
				盆植
基　　　价（元）				84.50
其中	人　工　费（元）			18.20
	材　料　费（元）			66.30
	机　械　费（元）			—
	名　　称	单位	单价(元)	消　耗　量
人工	综合工日	工日	140.00	0.130
材料	陶土缸	只	65.00	1.000
	有机肥	kg	2.60	0.500

工作内容：种植搬运、挖穴栽植、回土浇水、整形清理。　　　　　　　　　　　　计量单位：100株

定　额　编　号					Y1-2-171	Y1-2-172
项　目　名　称					栽种水生植物(湿生)	
					根盘直径≤150mm	
					≤5芽	≤10芽
基　　　　　价（元）					37.62	52.84
其中	人　工　费（元）				29.82	37.24
	材　料　费（元）				7.80	15.60
	机　械　费（元）				—	—
名　　称		单位	单价（元）		消　耗　量	
人工	综合工日	工日	140.00		0.213	0.266
材料	有机肥	kg	2.60		3.000	6.000

工作内容：种植搬运、挖穴栽植、回土浇水、整形清理。

定 额 编 号			Y1-2-173	Y1-2-174	Y1-2-175
项 目 名 称			栽种水生植物(湿生)		
			根盘直径＞150mm		
			≤5芽	≤10芽	＞10芽
基 价（元）			65.20	87.00	103.84
其中	人 工 费（元）		57.40	71.40	85.12
	材 料 费（元）		7.80	15.60	18.72
	机 械 费（元）		—	—	—
名 称	单位	单价（元）	消	耗	量
人工	综合工日	工日	140.00	0.410	0.510	0.608
材料	有机肥	kg	2.60	3.000	6.000	7.200

工作内容：种植搬运、挖穴栽植、回土浇水、整形清理。

计量单位：100株

定 额 编 号				Y1-2-176	Y1-2-177	Y1-2-178
项 目 名 称				栽种水生植物(挺水)		
				根盘直径≤150mm		
				≤5芽	≤10芽	>10芽
基 价（元）				92.92	115.76	139.38
其中	人 工 费（元）			85.12	106.40	127.68
	材 料 费（元）			7.80	9.36	11.70
	机 械 费（元）			—	—	—
名 称		单位	单价(元)	消	耗	量
人工	综合工日	工日	140.00	0.608	0.760	0.912
材料	有机肥	kg	2.60	3.000	3.600	4.500

工作内容：种植搬运、挖穴栽植、回土浇水、整形清理。 计量单位：100株

定 额 编 号					Y1-2-179	Y1-2-180	Y1-2-181
项 目 名 称					栽种水生植物(挺水)		
					根盘直径＞150mm		
					≤5芽	≤10芽	＞10芽
基 价（元）					118.10	148.60	183.00
其中	人 工 费（元）				106.40	133.00	159.60
	材 料 费（元）				11.70	15.60	23.40
	机 械 费（元）				—	—	—
名 称		单位	单价（元）		消 耗		量
人工	综合工日	工日	140.00		0.760	0.950	1.140
材料	有机肥	kg	2.60		4.500	6.000	9.000

工作内容：种植搬运、挖穴栽植、回土浇水、整形清理。 计量单位：100株

定　额　编　号				Y1-2-182	Y1-2-183	Y1-2-184	Y1-2-185
项　目　名　称				栽种水生植物(浮叶)			
				每平方米种植密度			
				≤3株		>3株	
				水深≤50mm	水深>50mm	水深≤50mm	水深>50mm
基　　　　　价（元）				124.30	217.40	103.94	148.88
其中	人　工　费（元）			93.10	186.20	88.34	133.28
	材　料　费（元）			31.20	31.20	15.60	15.60
	机　械　费（元）			—	—	—	—
	名　　　称	单位	单价（元）	消　　　耗　　　量			
人工	综合工日	工日	140.00	0.665	1.330	0.631	0.952
材料	有机肥	kg	2.60	12.000	12.000	6.000	6.000

工作内容：种植搬运、挖穴栽植、回土浇水、整形清理。 计量单位：100m²

定 额 编 号				Y1-2-186	Y1-2-187	Y1-2-188
项 目 名 称				栽种水生植物(漂浮)		
				种植覆盖率(%)		
				≤50	≤70	>70
基 价（元）				50.40	63.00	84.00
其中	人 工 费（元）			50.40	63.00	84.00
	材 料 费（元）			—	—	—
	机 械 费（元）			—	—	—
名 称		单位	单价(元)	消	耗	量
人工	综合工日	工日	140.00	0.360	0.450	0.600

注：漂浮植物种植面积指分割后种植水面面积，覆盖率指施工时的覆盖率，水面分割材料另计。

10. 栽植攀缘植物

工作内容：挖塘、栽植、回土、捣实、浇水、覆土、整理、施肥。 计量单位：株

定 额 编 号				Y1-2-189	Y1-2-190	Y1-2-191	Y1-2-192
项 目 名 称				栽植攀缘植物			
				3年生	4年生	5年生	6～8年生
基 价（元）				0.73	1.02	2.17	3.58
其中	人 工 费（元）			0.56	0.84	1.96	3.36
	材 料 费（元）			0.17	0.18	0.21	0.22
	机 械 费（元）			—	—	—	—
名 称		单位	单价(元)	消 耗 量			
人工	综合工日	工日	140.00	0.004	0.006	0.014	0.024
材料	水	m³	7.96	0.013	0.014	0.017	0.019
	肥料	kg	1.28	0.055	0.055	0.055	0.055

143

1. 铺种草坪基质

工作内容：草坪地铺砂、找平、清理场地。   计量单位：10m²

定 额 编 号			Y1-2-193	
项 目 名 称			铺种草皮	
			草皮铺种前铺砂	
基 价（元）			64.20	
其中	人 工 费（元）		17.22	
	材 料 费（元）		46.98	
	机 械 费（元）		—	
名 称	单位	单价(元)	消 耗 量	
人工	综合工日	工日	140.00	0.123
材料	中(粗)砂	t	87.00	0.540

注：铺砂厚度按3cm考虑，实际铺砂厚度不同时，按实铺体积并加20%损耗按实调整砂用量，人工含量不调整。

工作内容：均匀拌和基质料(砂、土、肥料)、回填铺设、找平、放坡。　　　　　　　　　计量单位：m²

定　额　编　号					Y1-2-194	Y1-2-195	Y1-2-196	Y1-2-197
项　目　名　称					铺设草坪基质			
					(砂：土)3：7		(砂：土)4：6	
					厚20cm	每±1cm	厚20cm	每±1cm
基　　　价（元）					17.63	0.84	20.58	0.92
其中	人　工　费（元）				4.06	0.14	4.06	0.14
	材　料　费（元）				13.47	0.70	16.42	0.78
	机　械　费（元）				0.10	—	0.10	—
名　　称		单位	单价（元）		消　　耗　　量			
人工	综合工日	工日	140.00		0.029	0.001	0.029	0.001
材料	种植土	m³	—		(0.147)	(0.007)	(0.126)	(0.006)
	有机肥	kg	2.60		2.000	0.100	2.000	0.100
	中(粗)砂	t	87.00		0.095	0.005	0.129	0.006
机械	耕耘机	台班	258.24		0.0004	—	0.0004	—

工作内容：均匀拌和基质料(砂、土、肥料)、回填铺设、找平、放坡。计量单位：m²

定 额 编 号				Y1-2-198	Y1-2-199
项 目 名 称				铺设草坪基质	
				(砂：土：泥炭)5：4：1	
				厚30cm	每±1cm
基 价 （元）				45.84	3.94
其中	人 工 费 （元）			6.44	0.14
	材 料 费 （元）			39.30	3.80
	机 械 费 （元）			0.10	—
	名 称	单位	单价(元)	消 耗 量	
人工	综合工日	工日	140.00	0.046	0.001
材料	种植土	m³	—	(0.126)	(0.004)
	有机肥	kg	2.60	4.000	0.133
	泥炭	m³	212.40	0.039	0.013
	中(粗)砂	t	87.00	0.237	0.008
机械	耕耘机	台班	258.24	0.0004	—

2.起挖草坪与镶铺草皮

工作内容:起挖、包扎、搬运集中、清理场地。

计量单位:10m²

定 额 编 号	Y1-2-200		
项 目 名 称	起挖草坪		
基 价（元）	20.56		
其中 人 工 费（元）	14.14		
材 料 费（元）	6.42		
机 械 费（元）	—		
名 称	单位	单价（元）	消 耗 量
人工 综合工日	工日	140.00	0.101
材料 草绳	kg	2.14	3.000

147

工作内容：清杂、搬运草坪、格内灌土、栽草(含裁草)、浇水、清理。 计量单位：10m²

定 额 编 号	Y1-2-201
项 目 名 称	嵌草砖镶铺草皮
基 价（元）	107.92

其中	人 工 费（元）	74.34
	材 料 费（元）	33.58
	机 械 费（元）	—

	名 称	单位	单价（元）	消 耗 量
人工	综合工日	工日	140.00	0.531
材料	（草皮）	m²	8.00	3.700
	水	m³	7.96	0.500

148

3.铺种草皮

工作内容：1.草床找平、清杂、搬运草皮、铺草、浇水、碾压、清理；
2.草床找平、基质消毒、覆膜、揭膜、浇水振压、播种、覆盖无纺布、浇水。 计量单位：m²

定 额 编 号				Y1-2-202	Y1-2-203
项 目 名 称				草皮铺种	
				散铺	满铺
基 价 （元）				8.20	16.96
其中	人 工 费 （元）			4.76	7.28
	材 料 费 （元）			3.44	9.68
	机 械 费 （元）			—	—
名 称		单位	单价（元）	消 耗 量	
人工	综合工日	工日	140.00	0.034	0.052
材料	（草皮）	m²	8.00	0.330	1.100
	水	m³	7.96	0.100	0.110

工作内容：1.草床找平、清杂、搬运草皮、铺草、浇水、碾压、清理；
　　　　　2.草床找平、基质消毒、覆膜、揭膜、浇水振压、播种、覆盖无纺布、浇水。　计量单位：m²

定　额　编　号			Y1-2-204	Y1-2-205
项　目　名　称			草皮铺种	
			直生带	播种
基　　价（元）			15.04	10.93
其中	人　工　费（元）		6.16	5.04
	材　料　费（元）		8.88	5.89
	机　械　费（元）		—	—
名　　称	单位	单价（元）	消　　耗　　量	
人工 综合工日	工日	140.00	0.044	0.036
材料 （草皮）	m²	8.00	1.000	—
其他材料费占材料费	%	—	—	1.570
无纺布	m²	4.27	—	1.000
农用薄模 5丝	kg	15.52	—	0.067
水	m³	7.96	0.110	0.050
福尔马林	kg	12.00	—	0.005
镀锌铁丝 8号	kg	3.57	—	0.010

注：播种的草种用量按设计另行计算。

150

4.喷播植草

工作内容：人工细整坡、阴坡、喷播加覆盖物、固定等。

计量单位：m²

定　额　编　号			Y1-2-206	Y1-2-207	Y1-2-208
项　目　名　称			坡度＜1∶1		
			坡长＜8m	坡长＜12m	坡长＞12m
基　　价（元）			4.76	5.70	6.65
其中	人　工　费（元）		2.52	3.08	3.36
	材　料　费（元）		1.45	1.78	2.45
	机　械　费（元）		0.79	0.84	0.84
名　　称		单位	单价（元）	消　　耗　　量	
人工	综合工日	工日	140.00	0.018	0.022	0.024
材料	卵石 4-6cm	kg	0.05	0.080	0.090	0.100
	其他材料费占材料费	%	—	25.560	26.000	25.580
	喷插保水剂	kg	11.94	0.004	0.004	0.005
	喷插粘结剂	kg	18.80	0.001	0.001	0.002
	无纺布	m²	4.27	0.018	0.018	0.019
	复合肥	kg	1.76	0.006	0.007	0.008
	草种	g	0.05	20.000	25.000	35.000
机械	喷播机 3t	台班	428.74	—	0.001	0.001
	喷播机 2.5t	台班	384.68	0.001	—	—
	载重汽车 4t	台班	408.97	0.001	0.001	0.001

工作内容：人工细整坡、阴坡、喷播加覆盖物、固定等。 计量单位：m²

定 额 编 号				Y1-2-209	Y1-2-210	Y1-2-211
项 目 名 称				坡度＞1∶1		
				坡长＜8m	坡长＜12m	坡长＞12m
基 价（元）				5.64	6.75	6.79
其中	人 工 费（元）			3.08	3.50	3.50
	材 料 费（元）			1.77	2.41	2.45
	机 械 费（元）			0.79	0.84	0.84
名 称		单位	单价（元）	消	耗	量
人工	综合工日	工日	140.00	0.022	0.025	0.025
材料	其他材料费占材料费	%	—	25.560	26.010	25.560
	喷插保水剂	kg	11.94	0.004	0.004	0.005
	喷插粘结剂	kg	18.80	0.001	0.001	0.002
	无纺布	m²	4.27	0.018	0.018	0.019
	复合肥	kg	1.76	0.006	0.007	0.008
	卵石 4-6cm	kg	0.05	0.080	0.090	0.100
	草种	g	0.05	25.000	35.000	35.000
机械	喷播机 2.5t	台班	384.68	0.001	—	—
	喷播机 3t	台班	428.74	—	0.001	0.001
	载重汽车 4t	台班	408.97	0.001	0.001	0.001

152

第四节 摆设盆花

工作内容：搬运、摆设、淋水一次、清运时花(运距5km内)。　　　　　　　　　　　　计量单位：100盆

定　额　编　号			Y1-2-212	Y1-2-213	Y1-2-214
项　目　名　称			公共绿化摆设盆花花盆		
			内径20cm内	内径30cm内	内径40cm内
基　　　　价（元）			241.70	380.31	547.76
其中	人　工　费（元）		150.64	223.02	327.74
	材　料　费（元）		3.98	4.78	5.57
	机　械　费（元）		87.08	152.51	214.45
名　　称	单位	单价（元）	消　　耗　　量		
人工	综合工日	工日	140.00	1.076	1.593	2.341
材料	(盆花 花盆内径20cm内)	株	—	(102.000)	—	—
	(盆花 花盆内径30cm内)	株	—	—	(102.000)	—
	(盆花 花盆内径40cm内)	株	—	—	—	(102.000)
	水	m³	7.96	0.500	0.600	0.700
机械	载重汽车 4t	台班	408.97	0.190	0.350	0.490
	洒水车 4000L	台班	468.64	0.020	0.020	0.030

工作内容：搬运、摆设、淋水一次、清运时花(运距5km内)。 计量单位：100盆

定　额　编　号					Y1-2-215	Y1-2-216
项　目　名　称					公共绿化摆设盆花花盆	
					内径50cm内	内径60cm内
基　　　价（元）					807.31	1455.98
其中	人　工　费（元）				483.84	713.58
	材　料　费（元）				6.77	7.96
	机　械　费（元）				316.70	734.44
名　　　称		单位	单价(元)		消　耗　　量	
人工	综合工日	工日	140.00		3.456	5.097
材料	(盆花 花盆内径50cm内)	株	—		(102.000)	—
	(盆花 花盆内径60cm内)	株	—		—	(102.000)
	水	m³	7.96		0.850	1.000
机械	载重汽车 4t	台班	408.97		0.740	1.750
	洒水车 4000L	台班	468.64		0.030	0.040

工作内容：清运盆花，运距每增加1公里。

计量单位：100盆

定 额 编 号				Y1-2-217	Y1-2-218
项 目 名 称				清运盆花每增加1公里内	
				花盆内径20cm内	花盆内径30cm内
基 价（元）				16.33	27.17
其中	人 工 费（元）			4.06	6.72
	材 料 费（元）			—	—
	机 械 费（元）			12.27	20.45
名 称	单位	单价（元）		消 耗 量	
人工	综合工日	工日	140.00	0.029	0.048
机械	载重汽车 4t	台班	408.97	0.030	0.050

工作内容：清运盆花，运距每增加1公里。

计量单位：100盆

定 额 编 号				Y1-2-219	Y1-2-220
项 目 名 称				清运盆花每增加1公里内	
				花盆内径40cm内	花盆内径50cm内
基 价（元）				33.36	54.48
其中	人 工 费（元）			8.82	13.58
	材 料 费（元）			—	—
	机 械 费（元）			24.54	40.90
名 称		单位	单价（元）	消 耗	量
人工	综合工日	工日	140.00	0.063	0.097
机械	载重汽车 4t	台班	408.97	0.060	0.100

工作内容：清运盆花，运距每增加1公里。 计量单位：100盆

定 额 编 号	Y1-2-221
项 目 名 称	清运盆花每增加1公里内
	花盆内径60cm内
基 价（元）	125.84
其中 人 工 费（元）	31.78
材 料 费（元）	—
机 械 费（元）	94.06

	名 称	单位	单价（元）	消 耗 量
人工	综合工日	工日	140.00	0.227
机械	载重汽车 4t	台班	408.97	0.230

第五节 机械灌洒

1.机械灌洒土球苗木

工作内容：接车、安拆胶管、堵水、覆土、扶植、封堰等。

计量单位：株

定 额 编 号				Y1-2-222	Y1-2-223
项 目 名 称				土球苗木	
				球径×深=50cm×40cm	球径×深=70cm×50cm
基 价（元）				5.23	11.39
其中	人 工 费（元）			0.70	1.82
	材 料 费（元）			—	—
	机 械 费（元）			4.53	9.57
名 称		单位	单价（元）	消 耗 量	
人工	综合工日	工日	140.00	0.005	0.013
机械	洒水车 8000L	台班	503.66	0.009	0.019

工作内容：接车、安拆胶管、堵水、覆土、扶植、封堰等。

计量单位：株

定 额 编 号			Y1-2-224	Y1-2-225
项 目 名 称			土球苗木	
			球径×深=80cm×60cm	球径×深=100cm×80cm
基 价（元）			14.66	19.70
其中	人 工 费（元）		3.08	3.08
	材 料 费（元）		—	—
	机 械 费（元）		11.58	16.62
名 称	单位	单价（元）	消 耗 量	
人工 综合工日	工日	140.00	0.022	0.022
机械 洒水车 8000L	台班	503.66	0.023	0.033

159

工作内容：接车、安拆胶管、堵水、覆土、扶植、封堰等。 计量单位：株

定 额 编 号				Y1-2-226	Y1-2-227
项 目 名 称				土球苗木	
				球径×深=120cm×90cm	球径×深=150cm×100cm
基 价 （元）				22.92	28.99
其中	人 工 费 （元）			3.78	5.32
	材 料 费 （元）			—	—
	机 械 费 （元）			19.14	23.67
名 称		单位	单价（元）	消 耗	量
人工	综合工日	工日	140.00	0.027	0.038
机械	洒水车 8000L	台班	503.66	0.038	0.047

工作内容：接车、安拆胶管、堵水、覆土、扶植、封堰等。 计量单位：株

定 额 编 号				Y1-2-228	Y1-2-229
项 目 名 称				土球苗木	
				球径×深=160cm×100cm	球径×深=200cm×120cm
基 价（元）				33.52	38.34
其中	人 工 费（元）			5.32	5.60
	材 料 费（元）			—	—
	机 械 费（元）			28.20	32.74
名 称		单位	单价（元）	消 耗 量	
人工	综合工日	工日	140.00	0.038	0.040
机械	洒水车 8000L	台班	503.66	0.056	0.065

2.机械灌洒裸根苗木

工作内容：接车、安拆胶管、堵水、覆土、扶植、封堰等。　　　　　　　　计量单位：株

定　额　编　号				Y1-2-230	Y1-2-231	Y1-2-232	Y1-2-233
项　目　名　称				裸根乔木			
				胸径＜5cm	胸径＜7cm	胸径＜10cm	胸径＜13cm
基　　　价（元）				5.23	8.17	10.97	13.40
其中	人　工　费（元）			0.70	1.12	1.40	1.82
	材　料　费（元）			—	—	—	—
	机　械　费（元）			4.53	7.05	9.57	11.58
名　　　称		单位	单价（元）	消　　　　耗　　　　量			
人工	综合工日	工日	140.00	0.005	0.008	0.010	0.013
机械	洒水车 8000L	台班	503.66	0.009	0.014	0.019	0.023

工作内容：接车、安拆胶管、堵水、覆土、扶植、封堰等。 计量单位：株

定　额　编　号				Y1-2-234	Y1-2-235	Y1-2-236
项　目　名　称				裸根乔木		
				胸径＜15cm	胸径＜20cm	胸径＜25cm
基　　价（元）				16.85	19.78	22.08
其中	人　工　费（元）			2.24	2.66	2.94
	材　料　费（元）			—	—	—
	机　械　费（元）			14.61	17.12	19.14
名　　称		单位	单价（元）	消　　耗　　量		
人工	综合工日	工日	140.00	0.016	0.019	0.021
机械	洒水车 8000L	台班	503.66	0.029	0.034	0.038

工作内容：接车、安拆胶管、堵水、覆土、扶植、封堰等。

计量单位：株

定 额 编 号				Y1-2-237	Y1-2-238	Y1-2-239	Y1-2-240
项 目 名 称				裸根灌木			
				高度<1.5m	高度<1.8m	高度<2.0m	高度<2.5m
基 价 （元）				5.23	5.23	7.16	7.16
其中	人 工 费（元）			0.70	0.70	1.12	1.12
	材 料 费（元）			—	—	—	—
	机 械 费（元）			4.53	4.53	6.04	6.04
名 称		单位	单价（元）	消 耗 量			
人工	综合工日	工日	140.00	0.005	0.005	0.008	0.008
机械	洒水车 8000L	台班	503.66	0.009	0.009	0.012	0.012

164

3. 机械灌洒丛生竹

工作内容：接车、安拆胶管、堵水、覆土、扶植、封堰等。　　　　　　　　　　计量单位：丛

定　额　编　号					Y1-2-241	Y1-2-242
项　目　名　称					丛生竹苗木	
					球径×深=50cm×40cm	球径×深=70cm×50cm
基　　　价（元）					4.73	10.38
其中	人　工　费（元）				0.70	1.82
	材　料　费（元）				—	—
	机　械　费（元）				4.03	8.56
名　　　称		单位	单价（元）	消　　耗　　量		
人工	综合工日	工日	140.00		0.005	0.013
机械	洒水车 8000L	台班	503.66		0.008	0.017

定 额 编 号	Y1-2-243
项 目 名 称	丛生竹苗木
	球径×深=80cm×60cm
基 价（元）	13.66

其中	人 工 费（元）	3.08
	材 料 费（元）	—
	机 械 费（元）	10.58

名 称	单位	单价(元)	消 耗 量
人工	综合工日	工日	140.00	0.022
机械	洒水车 8000L	台班	503.66	0.021

4.机械灌洒绿篱

工作内容：接车、安拆胶管、堵水、覆土、扶植、封堰等。　　　　　　　　　　　　　　　　计量单位：m

定　额　编　号			Y1-2-244	Y1-2-245	Y1-2-246
项　目　名　称			单行绿篱		
			高度<1.2m	高度<1.5m	高度<2.0m
基　　　　价（元）			2.43	2.57	4.65
其中	人　工　费（元）		0.42	0.56	1.12
	材　料　费（元）		—	—	—
	机　械　费（元）		2.01	2.01	3.53
名　称	单位	单价（元）	消	耗	量
人工	综合工日	工日	140.00	0.003	0.004	0.008
机械	洒水车 8000L	台班	503.66	0.004	0.004	0.007

工作内容：接车、安拆胶管、堵水、覆土、扶植、封堰等。

计量单位：m

定 额 编 号				Y1-2-247	Y1-2-248	Y1-2-249
项 目 名 称				双行绿篱		
				高度<1.2m	高度<1.5m	高度<2.0m
基 价（元）				2.21	3.36	5.93
其中	人 工 费（元）			0.70	0.84	1.40
	材 料 费（元）			—	—	—
	机 械 费（元）			1.51	2.52	4.53
名 称		单位	单价（元）	消	耗	量
人工	综合工日	工日	140.00	0.005	0.006	0.010
机械	洒水车 8000L	台班	503.66	0.003	0.005	0.009

168

5.机械灌洒色块

工作内容：接车、安拆胶管、堵水、覆土、扶植、封堰等。

计量单位：m²

定 额 编 号				Y1-2-250	Y1-2-251	Y1-2-252	Y1-2-253
项 目 名 称				色带			
				高度<0.8m	高度<1.2m	高度<1.5m	高度<1.8m
基 价 （元）				3.08	3.86	5.65	6.58
其中	人 工 费（元）			0.56	0.84	1.12	1.54
	材 料 费（元）			—	—	—	—
	机 械 费（元）			2.52	3.02	4.53	5.04
名 称		单位	单价（元）	消 耗 量			
人工	综合工日	工日	140.00	0.004	0.006	0.008	0.011
机械	洒水车 8000L	台班	503.66	0.005	0.006	0.009	0.010

6.机械灌洒木箱苗木

工作内容：接车、安拆胶管、堵水、覆土、扶植、封堰等。

计量单位：箱

定 额 编 号			Y1-2-254	Y1-2-255
项 目 名 称			木箱苗木	
			150cm×150cm×80cm	180cm×180cm×80cm
基 价（元）			53.78	79.86
其中	人 工 费（元）		6.44	7.84
	材 料 费（元）		—	—
	机 械 费（元）		47.34	72.02
名 称	单位	单价(元)	消 耗 量	
人工 综合工日	工日	140.00	0.046	0.056
机械 洒水车 8000L	台班	503.66	0.094	0.143

工作内容：接车、安拆胶管、堵水、覆土、扶植、封堰等。

计量单位：箱

定 额 编 号	Y1-2-256	Y1-2-257
项 目 名 称	木箱苗木	
	200cm×200cm×90cm	220cm×220cm×90cm
基 价（元）	83.67	103.48
其中 人 工 费（元）	8.12	9.80
材 料 费（元）	—	—
机 械 费（元）	75.55	93.68

	名 称	单位	单价（元）	消 耗 量	
人 工	综合工日	工日	140.00	0.058	0.070
机 械	洒水车 8000L	台班	503.66	0.150	0.186

工作内容：接车、安拆胶管、堵水、覆土、扶植、封堰等。

计量单位：箱

定　额　编　号	Y1-2-258
项　目　名　称	木箱苗木
	260cm×260cm×110cm
基　　　价（元）	125.08

其中	人　工　费（元）	11.76
	材　料　费（元）	—
	机　械　费（元）	113.32

名　　　称	单位	单价(元)	消　　耗　　量
人工	综合工日	工日	140.00	0.084
机械	洒水车 8000L	台班	503.66	0.225

7.机械灌洒攀缘植物

工作内容：接车、安拆胶管、堵水、覆土、扶植、封堰等。

计量单位：株

定 额 编 号			Y1-2-259	Y1-2-260	Y1-2-261	Y1-2-262
项 目 名 称			攀缘植物			
			3年生	4年生	5年生	6～8年生
基 价（元）			2.08	3.09	4.10	4.67
其中	人 工 费（元）		0.07	0.07	0.07	0.14
	材 料 费（元）		—	—	—	—
	机 械 费（元）		2.01	3.02	4.03	4.53
名 称	单位	单价（元）	消 耗 量			
人工	综合工日	工日	140.00	0.0005	0.0005	0.0005	0.001
机械	洒水车 8000L	台班	503.66	0.004	0.006	0.008	0.009

8.机械灌洒草坪及花卉

工作内容：接车、安拆胶管、堵水、覆土、扶植、封堰等。

计量单位：m²

定 额 编 号					Y1-2-263	Y1-2-264
项 目 名 称					一、二年生宿根花卉，铺种草坪	木本花卉
基 价（元）					1.08	1.58
其中	人 工 费（元）				0.07	0.07
	材 料 费（元）				—	—
	机 械 费（元）				1.01	1.51
名 称		单位	单价(元)		消 耗 量	
人工	综合工日	工日	140.00		0.0005	0.0005
机械	洒水车 8000L	台班	503.66		0.002	0.003

第三章 绿化养护工程

第一节 绿化成活养护

1. 乔木成活养护

工作内容：中耕施肥、整地除草、修剪剥芽、防病除害、树桩绑扎、加土扶正、清除枯枝、环境清理、灌溉排水等。

计量单位：100株/月

定 额 编 号			Y1-3-1	Y1-3-2
项 目 名 称			常绿乔木成活养护	
			胸径(5cm以内)	胸径(10cm以内)
基 价 （元）			432.13	561.71
其中	人 工 费（元）		365.40	478.80
	材 料 费（元）		32.99	44.95
	机 械 费（元）		33.74	37.96
名 称		单位	单价（元）	消 耗 量
人工	综合工日	工日	140.00	2.610	3.420
材料	肥料	kg	1.28	6.574	6.880
	水	m³	7.96	1.248	2.495
	药剂	kg	25.64	0.571	0.635
机械	洒水车 4000L	台班	468.64	0.072	0.081

工作内容：中耕施肥、整地除草、修剪剥芽、防病除害、树桩绑扎、加土扶正、清除枯枝、环境清理、灌溉排水等。

计量单位：100株/月

定 额 编 号				Y1-3-3	Y1-3-4
项 目 名 称				常绿乔木成活养护	
				胸径(20cm以内)	胸径(30cm以内)
基 价（元）				803.68	1264.79
其中	人 工 费（元）			693.00	1125.60
	材 料 费（元）			68.50	92.33
	机 械 费（元）			42.18	46.86
	名 称	单位	单价(元)	消 耗 量	
人工	综合工日	工日	140.00	4.950	8.040
材料	肥料	kg	1.28	7.200	8.000
	水	m³	7.96	5.174	7.788
	药剂	kg	25.64	0.706	0.784
机械	洒水车 4000L	台班	468.64	0.090	0.100

工作内容：中耕施肥、整地除草、修剪剥芽、防病除害、树桩绑扎、加土扶正、清除枯枝、环境清理、灌溉排水等。

计量单位：100株/月

定 额 编 号			Y1-3-5	Y1-3-6
项 目 名 称			常绿乔木成活养护	
			胸径(40cm以内)	胸径(40cm以外)
基 价 （元）			1545.34	1826.60
其中	人 工 费 （元）		1377.60	1629.60
	材 料 费 （元）		116.19	140.29
	机 械 费 （元）		51.55	56.71
名 称		单位	单价（元）	消　耗　　量	
人工	综合工日	工日	140.00	9.840	11.640
材料	肥料	kg	1.28	8.800	9.680
	水	m³	7.96	10.402	13.014
	药剂	kg	25.64	0.863	0.948
机械	洒水车 4000L	台班	468.64	0.110	0.121

工作内容：中耕施肥、整地除草、修剪剥芽、防病除害、树桩绑扎、加土扶正、清除枯枝、环境清理、灌溉排水等。

计量单位：100株/月

定　额　编　号				Y1-3-7	Y1-3-8
项　目　名　称				落叶乔木成活养护	
				胸径(5cm以内)	胸径(10cm以内)
基　　　　　价（元）				511.16	662.19
其中	人　工　费（元）			438.48	574.56
	材　料　费（元）			32.85	43.58
	机　械　费（元）			39.83	44.05
名　　　称		单位	单价（元）	消　　耗　　量	
人工	综合工日	工日	140.00	3.132	4.104
材料	肥料	kg	1.28	6.998	7.776
	水	m³	7.96	0.998	1.996
	药剂	kg	25.64	0.622	0.692
机械	洒水车 4000L	台班	468.64	0.085	0.094

工作内容：中耕施肥、整地除草、修剪剥芽、防病除害、树桩绑扎、加土扶正、清除枯枝、环境清理、灌溉排水等。

计量单位：100株/月

定 额 编 号				Y1-3-9	Y1-3-10
项 目 名 称				落叶乔木成活养护	
				胸径(20cm以内)	胸径(30cm以内)
基 价（元）				1220.14	1489.35
其中	人 工 费（元）			1108.80	1350.72
	材 料 费（元）			62.13	83.80
	机 械 费（元）			49.21	54.83
名 称		单位	单价（元）	消 耗 量	
人工	综合工日	工日	140.00	7.920	9.648
材料	肥料	kg	1.28	8.640	9.600
	水	m³	7.96	4.139	6.230
	药剂	kg	25.64	0.707	0.855
机械	洒水车 4000L	台班	468.64	0.105	0.117

工作内容：中耕施肥、整地除草、修剪剥芽、防病除害、树桩绑扎、加土扶正、清除枯枝、环境清理、灌溉排水等。

计量单位：100株/月

定　额　编　号				Y1-3-11	Y1-3-12
项　目　名　称				落叶乔木成活养护	
				胸径(40cm以内)	胸径(40cm以外)
基　　　价（元）				1817.46	2145.85
其中	人　工　费（元）			1653.12	1955.52
	材　料　费（元）			103.89	124.25
	机　械　费（元）			60.45	66.08
名　　　称		单位	单价（元）	消　　耗　　量	
人工	综合工日	工日	140.00	11.808	13.968
材料	肥料	kg	1.28	10.560	11.616
	水	m³	7.96	8.322	10.411
	药剂	kg	25.64	0.941	1.034
机械	洒水车 4000L	台班	468.64	0.129	0.141

2. 灌木成活养护

工作内容：中耕施肥、整地除草、修剪剥芽、防病除害、树桩绑扎、加土扶正、清除枯枝、环境清理、灌溉排水等。

计量单位：100株/月

定 额 编 号					Y1-3-13	Y1-3-14
项 目 名 称					常绿灌木成活养护	
					高度(50cm以内)	高度(100cm以内)
基 价 （元）					167.25	222.87
其中	人 工 费（元）				126.00	176.40
	材 料 费（元）				19.22	21.63
	机 械 费（元）				22.03	24.84
名 称		单位	单价(元)		消 耗 量	
人工	综合工日	工日	140.00		0.900	1.260
材料	肥料	kg	1.28		3.240	3.600
	水	m³	7.96		0.406	0.486
	药剂	kg	25.64		0.462	0.513
机械	洒水车 4000L	台班	468.64		0.047	0.053

工作内容：中耕施肥、整地除草、修剪剥芽、防病除害、树桩绑扎、加土扶正、清除枯枝、环境清理、灌溉排水等。

计量单位：100株/月

定　额　编　号			Y1-3-15	Y1-3-16
项　目　名　称			常绿灌木成活养护	
			高度(150cm以内)	高度(200cm以内)
基　　　　价（元）			254.18	298.06
其中	人　工　费（元）		201.60	239.40
	材　料　费（元）		24.46	28.20
	机　械　费（元）		28.12	30.46
名　　称		单位	单价（元）	消　　耗　　量
人工	综合工日	工日	140.00	1.440	1.710
材料	肥料	kg	1.28	4.000	4.400
	水	m³	7.96	0.594	0.816
	药剂	kg	25.64	0.570	0.627
机械	洒水车 4000L	台班	468.64	0.060	0.065

工作内容：中耕施肥、整地除草、修剪剥芽、防病除害、树桩绑扎、加土扶正、清除枯枝、环境清理、灌溉排水等。

计量单位：100株/月

定 额 编 号			Y1-3-17	Y1-3-18
项 目 名 称			常绿灌木成活养护	
			高度(250cm以内)	高度(250cm以外)
基 价 （元）			349.06	418.78
其中	人 工 费 （元）		283.50	346.50
	材 料 费 （元）		32.29	35.73
	机 械 费 （元）		33.27	36.55
名 称		单位	单价(元)	消 耗 量
人工	综合工日	工日	140.00	2.025	2.475
材料	肥料	kg	1.28	4.840	5.324
	水	m³	7.96	1.056	1.188
	药剂	kg	25.64	0.690	0.759
机械	洒水车 4000L	台班	468.64	0.071	0.078

工作内容：中耕施肥、整地除草、修剪剥芽、防病除害、树桩绑扎、加土扶正、清除枯枝、环境清理、灌溉排水等。

计量单位：100株/月

定 额 编 号				Y1-3-19	Y1-3-20
项 目 名 称				落叶灌木成活养护	
				高度(50cm以内)	高度(100cm以内)
基 价 （元）				201.98	267.92
其中	人 工 费 （元）			151.20	211.68
	材 料 费 （元）			21.72	24.37
	机 械 费 （元）			29.06	31.87
名 称		单位	单价(元)	消 耗 量	
人工	综合工日	工日	140.00	1.080	1.512
材 料	肥料	kg	1.28	4.536	5.040
	水	m³	7.96	0.324	0.389
	药剂	kg	25.64	0.520	0.578
机 械	洒水车 4000L	台班	468.64	0.062	0.068

工作内容：中耕施肥、整地除草、修剪剥芽、防病除害、树桩绑扎、加土扶正、清除枯枝、环境清理、灌溉排水等。

计量单位：100株/月

定　额　编　号				Y1-3-21	Y1-3-22
项　目　名　称				落叶灌木成活养护	
				高度(150cm以内)	高度(200cm以内)
基　　　价（元）				304.23	357.03
其中	人　工　费（元）			241.92	287.28
	材　料　费（元）			26.69	30.85
	机　械　费（元）			35.62	38.90
名　　称		单位	单价(元)	消　　耗　　量	
人工	综合工日	工日	140.00	1.728	2.052
材料	肥料	kg	1.28	5.600	6.160
	水	m³	7.96	0.475	0.614
	药剂	kg	25.64	0.614	0.705
机械	洒水车 4000L	台班	468.64	0.076	0.083

工作内容：中耕施肥、整地除草、修剪剥芽、防病除害、树桩绑扎、加土扶正、清除枯枝、环境清理、灌溉排水等。

计量单位：100株/月

定 额 编 号				Y1-3-23	Y1-3-24
项 目 名 称				落叶灌木成活养护	
				高度(250cm以内)	高度(250cm以外)
基 价（元）				418.83	502.60
其中	人 工 费（元）			340.20	415.80
	材 料 费（元）			35.05	39.00
	机 械 费（元）			43.58	47.80
	名 称	单位	单价(元)	消 耗 量	
人工	综合工日	工日	140.00	2.430	2.970
材料	肥料	kg	1.28	6.776	7.454
	水	m³	7.96	0.814	0.950
	药剂	kg	25.64	0.776	0.854
机械	洒水车 4000L	台班	468.64	0.093	0.102

3.绿篱成活养护

工作内容：中耕施肥、整地除草、修剪剥芽、防病除害、树桩绑扎、加土扶正、清除枯枝、环境清理、灌溉排水等。

计量单位：100m/月

定 额 编 号					Y1-3-25	Y1-3-26
项 目 名 称					单排绿篱成活养护	
					高度(50cm以内)	高度(100cm以内)
基 价 （元）					50.41	57.78
其中	人 工 费（元）				38.50	42.00
	材 料 费（元）				6.75	10.16
	机 械 费（元）				5.16	5.62
名 称		单位	单价(元)		消 耗 量	
人工	综合工日	工日	140.00		0.275	0.300
材料	肥料	kg	1.28		1.675	1.861
	水	m³	7.96		0.446	0.832
	药剂	kg	25.64		0.041	0.045
机械	洒水车 4000L	台班	468.64		0.011	0.012

工作内容：中耕施肥、整地除草、修剪剥芽、防病除害、树桩绑扎、加土扶正、清除枯枝、环境清理、灌溉排水等。

计量单位：100m/月

定 额 编 号				Y1-3-27	Y1-3-28
项 目 名 称				单排绿篱成活养护	
				高度(150cm以内)	高度(200cm以内)
基 价（元）				68.05	82.30
其中	人 工 费（元）			47.32	52.50
	材 料 费（元）			14.17	23.24
	机 械 费（元）			6.56	6.56
名 称		单位	单价（元）	消 耗 量	
人工	综合工日	工日	140.00	0.338	0.375
材料	肥料	kg	1.28	2.068	2.275
	水	m³	7.96	1.287	2.376
	药剂	kg	25.64	0.050	0.055
机械	洒水车 4000L	台班	468.64	0.014	0.014

工作内容：中耕施肥、整地除草、修剪剥芽、防病除害、树桩绑扎、加土扶正、清除枯枝、环境清理、灌溉排水等。

计量单位：100m/月

定　额　编　号				Y1-3-29		
项　目　名　称				单排绿篱成活养护		
				高度(200cm以外)		
基　　　　　价（元）				101.25		
其中	人　工　费（元）			56.00		
	材　料　费（元）			37.75		
	机　械　费（元）			7.50		
名　　　称		单位	单价（元）	消　　　　耗　　　　量		
人工	综合工日	工日	140.00	0.400		
材料	肥料	kg	1.28	2.502		
	水	m³	7.96	4.144		
	药剂	kg	25.64	0.061		
机械	洒水车 4000L	台班	468.64	0.016		

工作内容：中耕施肥、整地除草、修剪剥芽、防病除害、树桩绑扎、加土扶正、清除枯枝、环境清理、灌溉排水等。

计量单位：100m/月

定 额 编 号				Y1-3-30	Y1-3-31
项 目 名 称				双排绿篱成活养护	
				高度(50cm以内)	高度(100cm以内)
基 价（元）				71.92	84.49
其中	人 工 费（元）			56.00	63.00
	材 料 费（元）			9.36	13.99
	机 械 费（元）			6.56	7.50
名 称		单位	单价(元)	消 耗 量	
人工	综合工日	工日	140.00	0.400	0.450
材料	肥料	kg	1.28	2.513	2.792
	水	m³	7.96	0.594	1.109
	药剂	kg	25.64	0.055	0.062
机械	洒水车 4000L	台班	468.64	0.014	0.016

工作内容：中耕施肥、整地除草、修剪剥芽、防病除害、树桩绑扎、加土扶正、清除枯枝、环境清理、灌溉排水等。

计量单位：100m/月

定 额 编 号				Y1-3-32	Y1-3-33
项 目 名 称				双排绿篱成活养护	
				高度(150cm以内)	高度(200cm以内)
基 价 （元）				100.54	123.96
其中	人 工 费（元）			70.00	77.00
	材 料 费（元）			22.10	38.06
	机 械 费（元）			8.44	8.90
名 称		单位	单价(元)	消 耗 量	
人工	综合工日	工日	140.00	0.500	0.550
材料	肥料	kg	1.28	3.102	3.412
	水	m³	7.96	2.059	3.991
	药剂	kg	25.64	0.068	0.075
机械	洒水车 4000L	台班	468.64	0.018	0.019

工作内容：中耕施肥、整地除草、修剪剥芽、防病除害、树桩绑扎、加土扶正、清除枯枝、环境清理、灌溉排水等。

计量单位：100m/月

定　额　编　号	Y1-3-34
项　目　名　称	双排绿篱成活养护
	高度(200cm以外)
基　　价（元）	157.06

其中	人　工　费（元）	85.82
	材　料　费（元）	61.40
	机　械　费（元）	9.84

	名　　称	单位	单价(元)	消　　耗　　量
人工	综合工日	工日	140.00	0.613
材料	肥料	kg	1.28	3.753
	水	m³	7.96	6.843
	药剂	kg	25.64	0.083
机械	洒水车 4000L	台班	468.64	0.021

194

工作内容：中耕施肥、整地除草、修剪剥芽、防病除害、树桩绑扎、加土扶正、清除枯枝、环境清理、灌溉排水等。

计量单位：100㎡/月

定　额　编　号					Y1-3-35	Y1-3-36
项　目　名　称					片植绿篱成活养护	
					高度(50cm以内)	高度(100cm以内)
基　　　价（元）					175.58	194.13
其中	人　工　费（元）				145.32	161.00
	材　料　费（元）				21.82	24.23
	机　械　费（元）				8.44	8.90
名　　称		单位	单价（元）	消　　　耗　　　量		
人工	综合工日	工日	140.00	1.038		1.150
材料	肥料	kg	1.28	2.513		2.792
	水	㎥	7.96	2.138		2.376
	药剂	kg	25.64	0.062		0.068
机械	洒水车 4000L	台班	468.64	0.018		0.019

工作内容：中耕施肥、整地除草、修剪剥芽、防病除害、树桩绑扎、加土扶正、清除枯枝、环境清理、灌溉排水等。

计量单位：100㎡/月

定　额　编　号				Y1-3-37	Y1-3-38
项　目　名　称				片植绿篱成活养护	
				高度（150cm以内）	高度（200cm以内）
基　　　价（元）				217.59	238.71
其中	人　工　费（元）			180.32	197.82
	材　料　费（元）			26.96	29.64
	机　械　费（元）			10.31	11.25
名　　　称		单位	单价（元）	消　　耗　　量	
人工	综合工日	工日	140.00	1.288	1.413
材料	肥料	kg	1.28	3.102	3.412
	水	m³	7.96	2.640	2.904
	药剂	kg	25.64	0.077	0.084
机械	洒水车 4000L	台班	468.64	0.022	0.024

工作内容：中耕施肥、整地除草、修剪剥芽、防病除害、树桩绑扎、加土扶正、清除枯枝、环境清理、灌溉排水等。

计量单位：100㎡/月

定　额　编　号					Y1-3-39	
项　目　名　称					片植绿篱成活养护	
					高度(200cm以外)	
基　　　　　价（元）					261.77	
其中	人　工　费（元）				217.00	
	材　料　费（元）				32.59	
	机　械　费（元）				12.18	
名　　　称		单位	单价(元)	消　　耗　　量		
人工	综合工日	工日	140.00	1.550		
材料	肥料	kg	1.28	3.753		
	水	m³	7.96	3.194		
	药剂	kg	25.64	0.092		
机械	洒水车 4000L	台班	468.64	0.026		

4.竹类成活养护

工作内容：中耕施肥、整地除草、修剪剥芽、防病除害、树桩绑扎、加土扶正、清除枯枝、环境清理、灌溉排水等。

计量单位：100株/月

定 额 编 号				Y1-3-40	Y1-3-41
项 目 名 称				竹类成活养护	
				高度(100cm以内)	高度(200cm以内)
基 价（元）				58.04	69.39
其中	人 工 费（元）			42.00	49.00
	材 料 费（元）			10.88	14.77
	机 械 费（元）			5.16	5.62
名 称		单位	单价(元)	消 耗 量	
人工	综合工日	工日	140.00	0.300	0.350
材料	肥料	kg	1.28	1.675	1.861
	水	m³	7.96	0.966	1.411
	药剂	kg	25.64	0.041	0.045
机械	洒水车 4000L	台班	468.64	0.011	0.012

198

工作内容：中耕施肥、整地除草、修剪剥芽、防病除害、树桩绑扎、加土扶正、清除枯枝、环境清理、灌溉排水等。

计量单位：100株/月

定　额　编　号				Y1-3-42	Y1-3-43
项　目　名　称				竹类成活养护	
				高度(300cm以内)	高度(400cm以内)
基　　　价（元）				80.67	93.39
其中	人　工　费（元）			56.00	63.00
	材　料　费（元）			18.11	23.83
	机　械　费（元）			6.56	6.56
名　　称		单位	单价（元）	消　耗　量	
人工	综合工日	工日	140.00	0.400	0.450
材料	肥料	kg	1.28	2.068	2.275
	水	m³	7.96	1.782	2.451
	药剂	kg	25.64	0.050	0.055
机械	洒水车 4000L	台班	468.64	0.014	0.014

工作内容：中耕施肥、整地除草、修剪剥芽、防病除害、树桩绑扎、加土扶正、清除枯枝、环境清理、灌溉排水等。

计量单位：100株/月

定　额　编　号				Y1-3-44	
项　目　名　称				竹类成活养护	
				高度(400cm以外)	
基　　　　价（元）				106.38	
其中	人　工　费（元）			70.00	
	材　料　费（元）			28.88	
	机　械　费（元）			7.50	
	名　　　称	单位	单价（元）	消　　耗　　量	
人工	综合工日	工日	140.00	0.500	
材料	肥料	kg	1.28	2.502	
	水	m³	7.96	3.029	
	药剂	kg	25.64	0.061	
机械	洒水车 4000L	台班	468.64	0.016	

5.球形植物成活养护

工作内容：淋水、开窝、培土、除草、杀虫、修剪剥芽、扶正、清理。　　　　　　计量单位：100株/月

定　额　编　号				Y1-3-45	Y1-3-46
项　目　名　称				球形植物成活养护	
				蓬径(100cm以内)	蓬径(150cm以内)
基　　　　价（元）				171.39	276.79
其中	人　工　费（元）			111.30	209.02
	材　料　费（元）			30.10	34.03
	机　械　费（元）			29.99	33.74
名　　　称		单位	单价（元）	消　　耗　　量	
人工	综合工日	工日	140.00	0.795	1.493
材料	肥料	kg	1.28	5.832	6.480
	水	m³	7.96	0.837	1.004
	药剂	kg	25.64	0.623	0.692
机械	洒水车 4000L	台班	468.64	0.064	0.072

工作内容：淋水、开窝、培土、除草、杀虫、修剪剥芽、扶正、清理。 计量单位：100株/月

定 额 编 号				Y1-3-47	Y1-3-48
项 目 名 称				球形植物成活养护	
				蓬径(200cm以内)	蓬径(250cm以内)
基 价 （元）				457.62	692.24
其中	人 工 费 （元）			381.22	606.90
	材 料 费 （元）			38.91	44.10
	机 械 费 （元）			37.49	41.24
名 称		单位	单价(元)	消 耗 量	
人工	综合工日	工日	140.00	2.723	4.335
材料	肥料	kg	1.28	7.200	8.000
	水	m³	7.96	1.250	1.500
	药剂	kg	25.64	0.770	0.855
机械	洒水车 4000L	台班	468.64	0.080	0.088

工作内容：淋水、开窝、培土、除草、杀虫、修剪剥芽、扶正、清理。　　　　　　计量单位：100株/月

定　额　编　号				Y1-3-49	Y1-3-50
项　目　名　称				球形植物成活养护	
				蓬径(300cm以内)	蓬径(350cm以内)
基　　　价（元）				927.16	1240.01
其中	人　工　费（元）			833.70	1135.12
	材　料　费（元）			48.00	54.28
	机　械　费（元）			45.46	50.61
名　　称		单位	单价（元）	消　　耗　　量	
人工	综合工日	工日	140.00	5.955	8.108
材料	肥料	kg	1.28	8.800	9.680
	水	m³	7.96	1.671	1.932
	药剂	kg	25.64	0.914	1.034
机械	洒水车 4000L	台班	468.64	0.097	0.108

203

工作内容：淋水、开窝、培土、除草、杀虫、修剪剥芽、扶正、清理。　　　　　　计量单位：100株/月

定　额　编　号	Y1-3-51
项　目　名　称	球形植物成活养护
	蓬径(350cm以外)
基　　　价（元）	1643.51

其中	人　工　费（元）	1525.72
	材　料　费（元）	62.96
	机　械　费（元）	54.83

	名　称	单位	单价（元）	消　耗　量
人工	综合工日	工日	140.00	10.898
材料	肥料	kg	1.28	10.648
	水	m³	7.96	2.532
	药剂	kg	25.64	1.138
机械	洒水车 4000L	台班	468.64	0.117

204

6.露地花卉成活养护

工作内容：淋水、开窝、培土、除草、杀虫、修剪剥芽、扶正、清理。　　　　　计量单位：100m²/月

定　额　编　号				Y1-3-52	
项　目　名　称				露地花卉成活养护	
基　　　　价（元）				234.59	
其中	人　工　费（元）			196.84	
	材　料　费（元）			30.72	
	机　械　费（元）			7.03	
	名　　称	单位	单价（元）	消　　耗　　量	
人工	综合工日	工日	140.00	1.406	
材料	肥料	kg	1.28	5.229	
	水	m³	7.96	2.799	
	药剂	kg	25.64	0.068	
机械	洒水车 4000L	台班	468.64	0.015	

7.攀缘植物成活养护

工作内容：淋水、开窝、培土、除草、杀虫、修剪剥芽、扶正、清理。   计量单位：100株/月

定　额　编　号				Y1-3-53	Y1-3-54
项　目　名　称				攀缘植物成活养护	
				生长年数≤3年	生长年数＞3年
基　　　　价（元）				202.47	241.17
其中	人　工　费（元）			157.50	185.92
	材　料　费（元）			20.60	25.73
	机　械　费（元）			24.37	29.52
	名　　　称	单位	单价（元）	消　　耗　　量	
人工	综合工日	工日	140.00	1.125	1.328
材料	肥料	kg	1.28	3.536	4.246
	水	m³	7.96	0.396	0.598
	药剂	kg	25.64	0.504	0.606
机械	洒水车 4000L	台班	468.64	0.052	0.063

8.地被植物成活养护

工作内容：淋水、开窝、培土、除草、杀虫、修剪剥芽、扶正、清理。　　　　计量单位：100m²/月

定　额　编　号	Y1-3-55
项　目　名　称	地被植物成活养护
基　　　价（元）	220.84

其中	人　工　费（元）	200.90
	材　料　费（元）	12.44
	机　械　费（元）	7.50

	名　　　称	单位	单价（元）	消　　耗　　量
人工	综合工日	工日	140.00	1.435
材料	肥料	kg	1.28	3.412
	水	m³	7.96	0.743
	药剂	kg	25.64	0.084
机械	洒水车 4000L	台班	468.64	0.016

9. 水生植物成活养护

工作内容：分枝移植、翻盆(缸)施肥 、清理污物、及时换水、防病防害、缺枝补植、枯枝(叶)清除、环境清理、设施维护等。

计量单位：见表

定　额　编　号			Y1-3-56	Y1-3-57
项　目　名　称			水生植物成活养护	
			塘植	盆植
单　　位			100丛/月	100盆/月
基　　价（元）			36.21	393.26
其中	人　工　费（元）		24.50	374.50
	材　料　费（元）		11.71	18.76
	机　械　费（元）		—	—
名　　称		单位	单价（元）	消　耗　　量
人工	综合工日	工日	140.00	0.175	2.675
材料	肥料	kg	1.28	1.600	3.360
	药剂	kg	25.64	0.377	0.564

10. 草坪成活养护

工作内容：整地碾压、轧草修边、草屑清除、挑除杂草、空秃补植、加土施肥、灌溉排水、防病除害、环境清理等。

计量单位：100㎡/月

定 额 编 号			Y1-3-58	Y1-3-59	Y1-3-60	Y1-3-61
项 目 名 称			暖地型草坪成活养护			
			播种	散铺	满铺	植生带
基 价（元）			142.60	132.10	121.60	83.90
其中	人 工 费（元）		117.32	106.82	96.32	57.82
	材 料 费（元）		16.84	16.84	16.84	17.64
	机 械 费（元）		8.44	8.44	8.44	8.44
名 称	单位	单价（元）	消 耗 量			
人工	综合工日	工日	140.00	0.838	0.763	0.688	0.413
材料	肥料	kg	1.28	2.482	2.482	2.482	3.033
	水	m³	7.96	1.584	1.584	1.584	1.584
	药剂	kg	25.64	0.041	0.041	0.041	0.045
机械	洒水车 4000L	台班	468.64	0.018	0.018	0.018	0.018

209

工作内容：整地碾压、轧草修边、草屑清除、挑除杂草、空秃补植、加土施肥、灌溉排水、防病除害、环境清理等。

计量单位：100m²/月

定　额　编　号				Y1-3-62	Y1-3-63	Y1-3-64	Y1-3-65
项　目　名　称				冷地型草坪成活养护			
				播种	散铺	满铺	植生带
基　　　价（元）				296.77	268.77	245.95	159.45
其中	人　工　费（元）			267.82	239.82	217.00	129.50
	材　料　费（元）			20.51	20.51	20.51	21.51
	机　械　费（元）			8.44	8.44	8.44	8.44
名　　　称		单位	单价（元）	消　　　耗　　　量			
人工	综合工日	工日	140.00	1.913	1.713	1.550	0.925
材料	肥料	kg	1.28	2.978	2.978	2.978	3.640
	水	m³	7.96	1.901	1.901	1.901	1.901
	药剂	kg	25.64	0.061	0.061	0.061	0.067
机械	洒水车 4000L	台班	468.64	0.018	0.018	0.018	0.018

工作内容：整地碾压、轧草修边、草屑清除、挑除杂草、空秃补植、加土施肥、灌溉排水、防病除害、环境清理等。

计量单位：100㎡/月

定　额　编　号				Y1-3-66	Y1-3-67	Y1-3-68	Y1-3-69
项　目　名　称				混合型运动草坪成活养护			
				播种	散铺	满铺	植生带
基　　价（元）				323.52	295.52	269.34	179.27
其中	人　工　费（元）			283.50	255.50	229.32	138.32
	材　料　费（元）			22.68	22.68	22.68	23.61
	机　械　费（元）			17.34	17.34	17.34	17.34
名　　称		单位	单价（元）	消　　　耗　　　量			
人工	综合工日	工日	140.00	2.025	1.825	1.638	0.988
材料	肥料	kg	1.28	2.792	2.792	2.792	3.413
	水	㎥	7.96	2.217	2.217	2.217	2.217
	药剂	kg	25.64	0.057	0.057	0.057	0.062
机械	洒水车 4000L	台班	468.64	0.037	0.037	0.037	0.037

211

第二节 绿化保存养护
1. 乔木保存养护

工作内容：中耕施肥、整地除草、修剪剥芽、防病除害、树桩绑扎、加土扶正、清除枯枝、环境清理、灌溉排水等。

计量单位：100株/年

定 额 编 号				Y1-3-70	Y1-3-71
项 目 名 称				常绿乔木保存养护	
				胸径(5cm以内)	胸径(10cm以内)
基 价 （元）				1910.99	3116.36
其中	人 工 费（元）			1241.80	2286.34
	材 料 费（元）			329.89	449.48
	机 械 费（元）			339.30	380.54
名 称		单位	单价(元)	消 耗 量	
人工	综合工日	工日	140.00	8.870	16.331
材料	肥料	kg	1.28	65.740	68.800
	水	m³	7.96	12.480	24.950
	药剂	kg	25.64	5.710	6.350
机械	洒水车 4000L	台班	468.64	0.724	0.812

工作内容：中耕施肥、整地除草、修剪剥芽、防病除害、树桩绑扎、加土扶正、清除枯枝、环境清理、灌溉排水等。

计量单位：100株/年

定　额　编　号			Y1-3-72	Y1-3-73
项　目　名　称			常绿乔木保存养护	
			胸径(20cm以内)	胸径(30cm以内)
基　　　价（元）			5628.95	11000.37
其中	人　工　费（元）		4522.14	9607.92
	材　料　费（元）		685.03	923.34
	机　械　费（元）		421.78	469.11
名　　称	单位	单价(元)	消　耗　量	
人工	综合工日	工日	140.00	32.301	68.628
材料	肥料	kg	1.28	72.000	80.000
	水	m³	7.96	51.740	77.880
	药剂	kg	25.64	7.060	7.840
机械	洒水车 4000L	台班	468.64	0.900	1.001

213

工作内容：中耕施肥、整地除草、修剪剥芽、防病除害、树桩绑扎、加土扶正、清除枯枝、环境清理、灌溉排水等。

计量单位：100株/年

定　额　编　号					Y1-3-74	Y1-3-75
项　目　名　称					常绿乔木保存养护	
					胸径(40cm以内)	胸径(40cm以外)
基　　　价（元）					14930.66	19249.21
其中	人　工　费（元）				13251.84	17278.80
	材　料　费（元）				1161.91	1402.89
	机　械　费（元）				516.91	567.52
名　　　称		单位	单价（元）	消　　耗　　量		
人工	综合工日	工日	140.00		94.656	123.420
材料	肥料	kg	1.28		88.000	96.800
	水	m³	7.96		104.020	130.140
	药剂	kg	25.64		8.630	9.480
机械	洒水车 4000L	台班	468.64		1.103	1.211

工作内容：中耕施肥、整地除草、修剪剥芽、防病除害、树桩绑扎、加土扶正、清除枯枝、环境清理、灌溉排水等。

计量单位：100株/年

定 额 编 号				Y1-3-76	Y1-3-77
项 目 名 称				落叶乔木保存养护	
				胸径(5cm以内)	胸径(10cm以内)
基 价（元）				2110.97	3391.79
其中	人 工 费（元）			1386.00	2514.96
	材 料 费（元）			328.50	435.84
	机 械 费（元）			396.47	440.99
名 称		单位	单价（元）	消 耗 量	
人工	综合工日	工日	140.00	9.900	17.964
材料	肥料	kg	1.28	69.980	77.760
	水	m³	7.96	9.980	19.960
	药剂	kg	25.64	6.220	6.920
机械	洒水车 4000L	台班	468.64	0.846	0.941

工作内容：中耕施肥、整地除草、修剪剥芽、防病除害、树桩绑扎、加土扶正、清除枯枝、环境清理、灌溉排水等。

计量单位：100株/年

定 额 编 号				Y1-3-78	Y1-3-79
项 目 名 称				落叶乔木保存养护	
				胸径(20cm以内)	胸径(30cm以内)
基 价（元）				7745.57	11954.83
其中	人 工 费（元）			6632.64	10568.04
	材 料 费（元）			621.33	838.01
	机 械 费（元）			491.60	548.78
	名 称	单位	单价(元)	消 耗 量	
人工	综合工日	工日	140.00	47.376	75.486
材料	肥料	kg	1.28	86.400	96.000
	水	m³	7.96	41.390	62.300
	药剂	kg	25.64	7.070	8.550
机械	洒水车 4000L	台班	468.64	1.049	1.171

216

工作内容：中耕施肥、整地除草、修剪剥芽、防病除害、树桩绑扎、加土扶正、清除枯枝、环境清理、灌溉排水等。

计量单位：100株/年

定　额　编　号				Y1-3-80	Y1-3-81
项　目　名　称				落叶乔木保存养护	
				胸径(40cm以内)	胸径(40cm以外)
基　　　　　价（元）				16218.06	21037.02
其中	人　工　费（元）			14576.52	19131.84
	材　料　费（元）			1038.87	1242.52
	机　械　费（元）			602.67	662.66
名　　　称		单位	单价（元）	消　　　耗　　　量	
人工	综合工日	工日	140.00	104.118	136.656
材料	肥料	kg	1.28	105.600	116.160
	水	m³	7.96	83.220	104.110
	药剂	kg	25.64	9.410	10.340
机械	洒水车 4000L	台班	468.64	1.286	1.414

2. 灌木保存养护

工作内容：中耕施肥、整地除草、修剪剥芽、防病除害、树桩绑扎、加土扶正、清除枯枝、环境清理、灌溉排水等。

计量单位：100株/年

定　额　编　号					Y1-3-82	Y1-3-83
项　目　名　称					常绿灌木保存养护	
					高度(50cm以内)	高度(100cm以内)
基　　　　　价（元）					561.39	761.02
其中	人　工　费（元）				147.00	294.00
	材　料　费（元）				192.25	216.30
	机　械　费（元）				222.14	250.72
	名　　　称	单位	单价(元)		消　　耗　　量	
人工	综合工日	工日	140.00		1.050	2.100
材料	肥料	kg	1.28		32.400	36.000
	水	m³	7.96		4.060	4.860
	药剂	kg	25.64		4.620	5.130
机械	洒水车 4000L	台班	468.64		0.474	0.535

工作内容：中耕施肥、整地除草、修剪剥芽、防病除害、树桩绑扎、加土扶正、清除枯枝、环境清理、灌溉排水等。

计量单位：100株/年

定 额 编 号			Y1-3-84	Y1-3-85
项 目 名 称			常绿灌木保存养护	
			高度(150cm以内)	高度(200cm以内)
基 价（元）			1293.47	1769.66
其中	人 工 费（元）		770.00	1183.00
	材 料 费（元）		244.63	282.04
	机 械 费（元）		278.84	304.62
名 称		单位	单价(元)	消 耗 量	
人工	综合工日	工日	140.00	5.500	8.450
材料	肥料	kg	1.28	40.000	44.000
	水	m³	7.96	5.940	8.160
	药剂	kg	25.64	5.700	6.270
机械	洒水车 4000L	台班	468.64	0.595	0.650

工作内容：中耕施肥、整地除草、修剪剥芽、防病除害、树桩绑扎、加土扶正、清除枯枝、环境清理、灌溉排水等。

计量单位：100株/年

定 额 编 号				Y1-3-86	Y1-3-87
项 目 名 称				常绿灌木保存养护	
				高度(250cm以内)	高度(250cm以外)
基 价（元）				2398.66	3119.20
其中	人 工 费（元）			1743.00	2394.00
	材 料 费（元）			322.93	357.32
	机 械 费（元）			332.73	367.88
名 称		单位	单价(元)	消 耗 量	
人工	综合工日	工日	140.00	12.450	17.100
材料	肥料	kg	1.28	48.400	53.240
	水	m³	7.96	10.560	11.880
	药剂	kg	25.64	6.900	7.590
机械	洒水车 4000L	台班	468.64	0.710	0.785

工作内容：中耕施肥、整地除草、修剪剥芽、防病除害、树桩绑扎、加土扶正、清除枯枝、环境清理、灌溉排水等。

计量单位：100株/年

定 额 编 号				Y1-3-88	Y1-3-89
项 目 名 称				落叶灌木保存养护	
				高度(50cm以内)	高度(100cm以内)
基 价 （元）				701.86	948.76
其中	人 工 费（元）			196.00	385.00
	材 料 费（元）			217.18	243.68
	机 械 费（元）			288.68	320.08
名 称		单位	单价(元)	消 耗 量	
人工	综合工日	工日	140.00	1.400	2.750
材料	肥料	kg	1.28	45.360	50.400
	水	m³	7.96	3.240	3.890
	药剂	kg	25.64	5.200	5.780
机械	洒水车 4000L	台班	468.64	0.616	0.683

工作内容：中耕施肥、整地除草、修剪剥芽、防病除害、树桩绑扎、加土扶正、清除枯枝、环境清理、灌溉排水等。

计量单位：100株/年

定　额　编　号				Y1-3-90	Y1-3-91
项　目　名　称				落叶灌木保存养护	
				高度(150cm以内)	高度(200cm以内)
基　　　　　价（元）				1588.15	2182.39
其中	人　工　费（元）			966.00	1484.00
	材　料　费（元）			266.92	308.48
	机　械　费（元）			355.23	389.91
名　　　称		单位	单价(元)	消　　　耗　　　量	
人工	综合工日	工日	140.00	6.900	10.600
材料	肥料	kg	1.28	56.000	61.600
	水	m³	7.96	4.750	6.140
	药剂	kg	25.64	6.140	7.050
机械	洒水车 4000L	台班	468.64	0.758	0.832

工作内容：中耕施肥、整地除草、修剪剥芽、防病除害、树桩绑扎、加土扶正、清除枯枝、环境清理、灌溉排水等。

计量单位：100株/年

定　额　编　号				Y1-3-92	Y1-3-93
项　目　名　称				落叶灌木保存养护	
				高度(250cm以内)	高度(250cm以外)
基　　　价（元）				2961.92	3864.95
其中	人　工　费（元）			2177.00	2996.00
	材　料　费（元）			350.49	390.00
	机　械　费（元）			434.43	478.95
名　　称		单位	单价（元）	消　　耗　　量	
人工	综合工日	工日	140.00	15.550	21.400
材料	肥料	kg	1.28	67.760	74.540
	水	m³	7.96	8.140	9.500
	药剂	kg	25.64	7.760	8.540
机械	洒水车 4000L	台班	468.64	0.927	1.022

3.绿篱保存养护

工作内容：中耕施肥、整地除草、修剪剥芽、防病除害、树桩绑扎、加土扶正、清除枯枝、环境清理、灌溉排水等。

计量单位：100m/年

定 额 编 号				Y1-3-94	Y1-3-95
项 目 名 称				单排绿篱保存养护	
				高度(50cm以内)	高度(100cm以内)
基 价（元）				272.06	323.48
其中	人 工 费（元）			154.00	168.00
	材 料 费（元）			67.45	101.59
	机 械 费（元）			50.61	53.89
名 称		单位	单价（元）	消 耗 量	
人工	综合工日	工日	140.00	1.100	1.200
材料	肥料	kg	1.28	16.750	18.610
	水	m³	7.96	4.460	8.320
	药剂	kg	25.64	0.410	0.450
机械	洒水车 4000L	台班	468.64	0.108	0.115

工作内容：中耕施肥、整地除草、修剪剥芽、防病除害、树桩绑扎、加土扶正、清除枯枝、环境清理、灌溉排水等。

计量单位：100m/年

定　额　编　号					Y1-3-96	Y1-3-97
项　目　名　称					单排绿篱保存养护	
					高度(150cm以内)	高度(200cm以内)
基　　　　价（元）					394.01	508.90
其中	人　工　费（元）				189.00	210.00
	材　料　费（元）				141.74	232.35
	机　械　费（元）				63.27	66.55
	名　　　称	单位	单价（元）		消　　耗　　量	
人工	综合工日	工日	140.00		1.350	1.500
材料	肥料	kg	1.28		20.680	22.750
	水	m³	7.96		12.870	23.760
	药剂	kg	25.64		0.500	0.550
机械	洒水车 4000L	台班	468.64		0.135	0.142

工作内容：中耕施肥、整地除草、修剪剥芽、防病除害、树桩绑扎、加土扶正、清除枯枝、环境清理、灌溉排水等。

计量单位：100m/年

定 额 编 号	Y1-3-98
项 目 名 称	单排绿篱保存养护
	高度(200cm以外)

基 价（元）	674.64

其中	人 工 费（元）	224.00
	材 料 费（元）	377.53
	机 械 费（元）	73.11

	名 称	单位	单价(元)	消 耗 量
人工	综合工日	工日	140.00	1.600
材料	肥料	kg	1.28	25.020
	水	m³	7.96	41.440
	药剂	kg	25.64	0.610
机械	洒水车 4000L	台班	468.64	0.156

工作内容：中耕施肥、整地除草、修剪剥芽、防病除害、树桩绑扎、加土扶正、清除枯枝、环境清理、灌溉排水等。

计量单位：100m/年

定　额　编　号					Y1-3-99	Y1-3-100
项　目　名　称					双排绿篱保存养护	
					高度(50cm以内)	高度(100cm以内)
基　　　价（元）					384.10	465.02
其中	人　工　费（元）				224.00	252.00
	材　料　费（元）				93.55	139.91
	机　械　费（元）				66.55	73.11
名　　　称		单位	单价（元）		消　　耗　　量	
人工	综合工日	工日	140.00		1.600	1.800
材料	肥料	kg	1.28		25.130	27.920
	水	m³	7.96		5.940	11.090
	药剂	kg	25.64		0.550	0.620
机械	洒水车 4000L	台班	468.64		0.142	0.156

工作内容：中耕施肥、整地除草、修剪剥芽、防病除害、树桩绑扎、加土扶正、清除枯枝、环境清理、灌溉排水等。

计量单位：100m/年

定 额 编 号			Y1-3-101	Y1-3-102
项 目 名 称			双排绿篱保存养护	
			高度（150cm以内）	高度（200cm以内）
基 价 （元）			583.52	777.16
其中	人 工 费（元）		280.00	308.00
	材 料 费（元）		221.04	380.59
	机 械 费（元）		82.48	88.57
名 称		单位	单价（元）	消 耗 量
人工	综合工日	工日	140.00	2.000	2.200
材料	肥料	kg	1.28	31.020	34.120
	水	m³	7.96	20.590	39.910
	药剂	kg	25.64	0.680	0.750
机械	洒水车 4000L	台班	468.64	0.176	0.189

228

工作内容：中耕施肥、整地除草、修剪剥芽、防病除害、树桩绑扎、加土扶正、清除枯枝、环境清理、灌溉排水等。

计量单位：100m/年

定 额 编 号					Y1-3-103	
项 目 名 称					双排绿篱保存养护	
					高度(200cm以外)	
基 价 （元）					1055.43	
其中	人 工 费（元）				343.00	
	材 料 费（元）				614.02	
	机 械 费（元）				98.41	
名 称		单位	单价(元)	消 耗 量		
人工	综合工日	工日	140.00	2.450		
材料	肥料	kg	1.28	37.530		
	水	m³	7.96	68.430		
	药剂	kg	25.64	0.830		
机械	洒水车 4000L	台班	468.64	0.210		

工作内容：中耕施肥、整地除草、修剪剥芽、防病除害、树桩绑扎、加土扶正、清除枯枝、环境清理、灌溉排水等。

计量单位：100㎡/年

定　额　编　号				Y1-3-104	Y1-3-105
项　目　名　称				片植绿篱保存养护	
				高度(50cm以内)	高度(100cm以内)
基　　　　价（元）				881.73	974.87
其中	人　工　费（元）			581.00	644.00
	材　料　费（元）			218.25	242.30
	机　械　费（元）			82.48	88.57
名　　　称		单位	单价(元)	消　　耗　　量	
人工	综合工日	工日	140.00	4.150	4.600
材料	肥料	kg	1.28	25.130	27.920
	水	m³	7.96	21.380	23.760
	药剂	kg	25.64	0.620	0.680
机械	洒水车 4000L	台班	468.64	0.176	0.189

工作内容：中耕施肥、整地除草、修剪剥芽、防病除害、树桩绑扎、加土扶正、清除枯枝、环境清理、灌溉排水等。

计量单位：100m²/年

定　额　编　号			Y1-3-106	Y1-3-107
项　目　名　称			片植绿篱保存养护	
			高度(150cm以内)	高度(200cm以内)
基　　　　价（元）			1092.28	1198.44
其中	人　工　费（元）		721.00	791.00
	材　料　费（元）		269.59	296.37
	机　械　费（元）		101.69	111.07
名　　称		单位	单价(元)	消　耗　量
人工	综合工日	工日	140.00	5.150	5.650
材料	肥料	kg	1.28	31.020	34.120
	水	m³	7.96	26.400	29.040
	药剂	kg	25.64	0.770	0.840
机械	洒水车 4000L	台班	468.64	0.217	0.237

231

工作内容：中耕施肥、整地除草、修剪剥芽、防病除害、树桩绑扎、加土扶正、清除枯枝、环境清理、灌溉排水等。

计量单位：100㎡/年

定 额 编 号	Y1-3-108
项 目 名 称	片植绿篱保存养护
	高度(200cm以外)
基 价（元）	1314.31

其中	人 工 费（元）	868.00
	材 料 费（元）	325.87
	机 械 费（元）	120.44

	名 称	单位	单价(元)	消 耗 量
人工	综合工日	工日	140.00	6.200
材料	肥料	kg	1.28	37.530
	水	m³	7.96	31.940
	药剂	kg	25.64	0.920
机械	洒水车 4000L	台班	468.64	0.257

4.竹类保存养护

工作内容：中耕施肥、整地除草、修剪剥芽、防病除害、树桩绑扎、加土扶正、清除枯枝、环境清理、灌溉排水等。

计量单位：100株/年

定　额　编　号				Y1-3-109	Y1-3-110
项　目　名　称				竹类保存养护	
				高度(100cm以内)	高度(200cm以内)
基　　　价（元）				327.46	397.56
其中	人　工　费（元）			168.00	196.00
	材　料　费（元）			108.85	147.67
	机　械　费（元）			50.61	53.89
名　　称		单位	单价(元)	消　耗　量	
人工	综合工日	工日	140.00	1.200	1.400
材料	肥料	kg	1.28	16.750	18.610
	水	m³	7.96	9.660	14.110
	药剂	kg	25.64	0.410	0.450
机械	洒水车 4000L	台班	468.64	0.108	0.115

工作内容：中耕施肥、整地除草、修剪剥芽、防病除害、树桩绑扎、加土扶正、清除枯枝、环境清理、灌溉排水等。

计量单位：100株/年

定　额　编　号				Y1-3-111	Y1-3-112
项　目　名　称				竹类保存养护	
				高度(300cm以内)	高度(400cm以内)
基　　　　价（元）				468.41	556.87
其中	人　工　费（元）			224.00	252.00
	材　料　费（元）			181.14	238.32
	机　械　费（元）			63.27	66.55
名　　称		单位	单价（元）	消　　耗　　量	
人工	综合工日	工日	140.00	1.600	1.800
材料	肥料	kg	1.28	20.680	22.750
	水	m³	7.96	17.820	24.510
	药剂	kg	25.64.	0.500	0.550
机械	洒水车 4000L	台班	468.64	0.135	0.142

工作内容：中耕施肥、整地除草、修剪剥芽、防病除害、树桩绑扎、加土扶正、清除枯枝、环境清理、灌溉排水等。

计量单位：100株/年

定　额　编　号			Y1-3-113
项　目　名　称			竹类保存养护
			高度(400cm以外)
基　　　　价（元）			641.88
其中	人　工　费（元）		280.00
	材　料　费（元）		288.77
	机　械　费（元）		73.11
名　　　称	单位	单价(元)	消　　耗　　量
人工	综合工日	工日	140.00	2.000
材料	肥料	kg	1.28	25.020
	水	m³	7.96	30.290
	药剂	kg	25.64	0.610
机械	洒水车 4000L	台班	468.64	0.156

5.球形植物保存养护

工作内容：淋水、开窝、培土、除草、杀虫、修剪剥芽、扶正、清理。　　　　　　计量单位：100株/年

定　额　编　号				Y1-3-114	Y1-3-115
项　目　名　称				球形植物保存养护	
				蓬径(100cm以内)	蓬径(150cm以内)
基　　　　　价（元）				1047.55	1512.10
其中	人　工　费（元）			445.20	835.80
	材　料　费（元）			301.01	340.29
	机　械　费（元）			301.34	336.01
名　　　称		单位	单价(元)	消　　耗　　量	
人工	综合工日	工日	140.00	3.180	5.970
材料	肥料	kg	1.28	58.320	64.800
	水	m³	7.96	8.370	10.040
	药剂	kg	25.64	6.230	6.920
机械	洒水车 4000L	台班	468.64	0.643	0.717

工作内容：淋水、开窝、培土、除草、杀虫、修剪剥芽、扶正、清理。　　　　　　　　计量单位：100株/年

定　额　编　号					Y1-3-116	Y1-3-117
项　目　名　称					球形植物保存养护	
					蓬径(200cm以内)	蓬径(250cm以内)
基　　　价（元）					2287.66	3281.02
其中	人　工　费（元）				1524.60	2427.60
	材　料　费（元）				389.09	441.02
	机　械　费（元）				373.97	412.40
名　　　称		单位	单价（元）		消　　　耗　　　量	
人工	综合工日	工日	140.00		10.890	17.340
材料	肥料	kg	1.28		72.000	80.000
	水	m³	7.96		12.500	15.000
	药剂	kg	25.64		7.700	8.550
机械	洒水车 4000L	台班	468.64		0.798	0.880

工作内容：淋水、开窝、培土、除草、杀虫、修剪剥芽、扶正、清理。 计量单位：100株/年

定 额 编 号				Y1-3-118	Y1-3-119
项 目 名 称				球形植物保存养护	
				蓬径(300cm以内)	蓬径(350cm以内)
基 价（元）				4271.26	5587.27
其中	人 工 费（元）			3334.80	4540.20
	材 料 费（元）			480.00	542.81
	机 械 费（元）			456.46	504.26
名 称		单位	单价(元)	消 耗 量	
人工	综合工日	工日	140.00	23.820	32.430
材料	肥料	kg	1.28	88.000	96.800
	水	m³	7.96	16.710	19.320
	药剂	kg	25.64	9.140	10.340
机械	洒水车 4000L	台班	468.64	0.974	1.076

工作内容：淋水、开窝、培土、除草、杀虫、修剪剥芽、扶正、清理。 计量单位：100株/年

定 额 编 号					Y1-3-120	
项 目 名 称					球形植物保存养护	
					蓬径(350cm以外)	
基 价 （元）					7281.00	
其 中	人 工 费（元）				6102.60	
	材 料 费（元）				629.62	
	机 械 费（元）				548.78	
名 称		单位	单价(元)	消 耗 量		
人 工	综合工日	工日	140.00	43.590		
材 料	肥料	kg	1.28	106.480		
	水	m³	7.96	25.320		
	药剂	kg	25.64	11.380		
机 械	洒水车 4000L	台班	468.64	1.171		

239

6.露地花卉养护

工作内容：淋水、开窝、培土、除草、杀虫、修剪剥芽、扶正、清理。　　　　计量单位：100m²/年

定　额　编　号				Y1-3-121	
项　目　名　称				露地花卉保存养护	
基　　　价（元）				1166.37	
其中	人　工　费（元）			787.50	
	材　料　费（元）			307.17	
	机　械　费（元）			71.70	
名　　　称		单位	单价（元）	消　耗　　量	
人工	综合工日	工日	140.00	5.625	
材料	肥料	kg	1.28	52.290	
	水	m³	7.96	27.990	
	药剂	kg	25.64	0.680	
机械	洒水车 4000L	台班	468.64	0.153	

7. 攀缘植物保存养护

工作内容：淋水、开窝、培土、除草、杀虫、修剪剥芽、扶正、清理。　　　　　　　计量单位：100株/年

定　额　编　号			Y1-3-122	Y1-3-123
项　目　名　称			攀缘植物保存养护	
			生长年数≤3	生长年数＞3
基　　　价（元）			1080.65	1295.45
其中	人　工　费（元）		630.00	743.40
	材　料　费（元）		206.02	257.28
	机　械　费（元）		244.63	294.77
名　　称	单位	单价（元）	消　　耗　　量	
人工	综合工日	工日	140.00	4.500	5.310
材料	肥料	kg	1.28	35.360	42.462
	水	m³	7.96	3.962	5.983
	药剂	kg	25.64	5.040	6.057
机械	洒水车 4000L	台班	468.64	0.522	0.629

241

8.地被植物保存养护

工作内容：淋水、开窝、培土、除草、杀虫、修剪剥芽、扶正、清理。　　　　　计量单位：100m²/年

定　额　编　号				Y1-3-124
项　目　名　称				地被植物保存养护
基　　　　价（元）				1001.72
其中	人　工　费（元）			803.32
	材　料　费（元）			124.35
	机　械　费（元）			74.05
名　　称		单位	单价(元)	消　　耗　　量
人工	综合工日	工日	140.00	5.738
材料	肥料	kg	1.28	34.120
	水	m³	7.96	7.430
	药剂	kg	25.64	0.840
机械	洒水车 4000L	台班	468.64	0.158

9.水生植物保存养护

工作内容：分枝移植、翻盆(缸)施肥 、清理污物、及时换水、防病防害、缺枝补植、枯枝(叶)清除、环境清理、设施维护等。
计量单位：见表

定 额 编 号				Y1-3-125	Y1-3-126
项 目 名 称				水生植物保存养护	
				塘植	盆栽
单 位				100丛/年	100盆/年
基 价（元）				215.14	1685.62
其中	人 工 费（元）			98.00	1498.00
	材 料 费（元）			117.14	187.62
	机 械 费（元）			—	—
名 称	单位	单价(元)		消 耗 量	
人工	综合工日	工日	140.00	0.700	10.700
材料	肥料	kg	1.28	16.000	33.600
	药剂	kg	25.64	3.770	5.640

243

10. 草坪保存养护

工作内容：整地碾压、轧草修边、草屑清除、挑除杂草、空秃补植、加土施肥、灌溉排水、防病除害、环境清理等。

计量单位：100㎡/年

定　额　编　号				Y1-3-127	Y1-3-128	Y1-3-129	Y1-3-130
项　目　名　称				暖地型草坪保存养护			
				播种	散铺	满铺	植生带
基　　　　　价　（元）				719.85	677.85	635.85	489.93
其中	人　工　费（元）			469.00	427.00	385.00	231.00
	材　料　费（元）			168.37	168.37	168.37	176.45
	机　械　费（元）			82.48	82.48	82.48	82.48
名　　　称		单位	单价（元）	消　　　耗　　　量			
人工	综合工日	工日	140.00	3.350	3.050	2.750	1.650
材料	肥料	kg	1.28	24.820	24.820	24.820	30.330
	水	㎥	7.96	15.840	15.840	15.840	15.840
	药剂	kg	25.64	0.410	0.410	0.410	0.450
机械	洒水车 4000L	台班	468.64	0.176	0.176	0.176	0.176

工作内容：整地碾压、轧草修边、草屑清除、挑除杂草、空秃补植、加土施肥、灌溉排水、防病除害、环境清理等。

计量单位：100㎡/年

定　额　编　号				Y1-3-131	Y1-3-132	Y1-3-133	Y1-3-134
项　目　名　称				冷地型草坪保存养护			
				播种	散铺	满铺	植生带
基　　　　　价（元）				1358.56	1246.56	1155.56	815.57
其中	人　工　费（元）			1071.00	959.00	868.00	518.00
	材　料　费（元）			205.08	205.08	205.08	215.09
	机　械　费（元）			82.48	82.48	82.48	82.48
名　　　称		单位	单价（元）	消　　　耗　　　量			
人工	综合工日	工日	140.00	7.650	6.850	6.200	3.700
材料	肥料	kg	1.28	29.780	29.780	29.780	36.400
	水	m³	7.96	19.010	19.010	19.010	19.010
	药剂	kg	25.64	0.610	0.610	0.610	0.670
机械	洒水车 4000L	台班	468.64	0.176	0.176	0.176	0.176

工作内容：整地碾压、轧草修边、草屑清除、挑除杂草、空秃补植、加土施肥、灌溉排水、防病除害、环境清理等。

计量单位：100㎡/年

定 额 编 号				Y1-3-135	Y1-3-136	Y1-3-137	Y1-3-138
项 目 名 称				混合型运动草坪保存养护			
				播种	散铺	满铺	植生带
基 价（元）				1531.88	1419.88	1314.88	960.11
其中	人 工 费（元）			1134.00	1022.00	917.00	553.00
	材 料 费（元）			226.83	226.83	226.83	236.06
	机 械 费（元）			171.05	171.05	171.05	171.05
名 称		单位	单价（元）	消 耗 量			
人工	综合工日	工日	140.00	8.100	7.300	6.550	3.950
材料	肥料	kg	1.28	27.920	27.920	27.920	34.130
	水	㎥	7.96	22.170	22.170	22.170	22.170
	药剂	kg	25.64	0.570	0.570	0.570	0.620
机械	洒水车 4000L	台班	468.64	0.365	0.365	0.365	0.365

第四章 绿化工程施工措施

第一节 假植
1. 假植乔木

工作内容：挖假植沟、埋树苗、覆土、管理。

计量单位：株

定 额 编 号			Y1-4-1	Y1-4-2	Y1-4-3
项 目 名 称			假植乔木（裸根）		
			胸径<4cm	胸径<6cm	胸径<8cm
基 价（元）			1.40	2.80	4.90
其中	人 工 费（元）		1.40	2.80	4.90
	材 料 费（元）		—	—	—
	机 械 费（元）		—	—	—
名 称	单位	单价（元）	消	耗	量
人 工 综合工日	工日	140.00	0.010	0.020	0.035

工作内容：挖假植沟、埋树苗、覆土、管理。

计量单位：株

定 额 编 号				Y1-4-4	Y1-4-5
项 目 名 称				假植乔木（裸根）	
				胸径＜10cm	胸径＜12cm
基 价（元）				9.80	15.40
其中	人 工 费（元）			9.80	15.40
	材 料 费（元）			—	—
	机 械 费（元）			—	—
	名 称	单位	单价（元）	消 耗 量	
人工	综合工日	工日	140.00	0.070	0.110

250

2.假植灌木

工作内容：挖假植沟、埋树苗、覆土、管理。

计量单位：株

定 额 编 号				Y1-4-6	Y1-4-7
项 目 名 称				假植灌木(裸根)	
				冠丛高＜100cm	冠丛高＜150cm
基 价（元）				0.70	1.40
其中	人 工 费（元）			0.70	1.40
	材 料 费（元）			—	—
	机 械 费（元）			—	—
名 称		单位	单价(元)	消 耗 量	
人 工	综合工日	工日	140.00	0.005	0.010

定　额　编　号				Y1-4-8	Y1-4-9
项　目　名　称				假植灌木(裸根)	
				冠丛高<200cm	冠丛高<250cm
基　　　　价（元）				2.80	4.90
其中	人　工　费（元）			2.80	4.90
	材　料　费（元）			—	—
	机　械　费（元）			—	—
	名　　称	单位	单价(元)	消　　耗　　量	
人工	综合工日	工日	140.00	0.020	0.035

第二节 草绳绕树干

工作内容：搬运、绕干、余料清除。

计量单位：m

定 额 编 号				Y1-4-10	Y1-4-11	Y1-4-12
项 目 名 称				草绳绕树干		
				胸径＜5cm	胸径＜10cm	胸径＜15cm
基 价（元）				4.24	7.08	9.92
其中	人 工 费（元）			2.10	2.80	3.50
	材 料 费（元）			2.14	4.28	6.42
	机 械 费（元）			—	—	—
名 称		单位	单价（元）	消	耗	量
人工	综合工日	工日	140.00	0.015	0.020	0.025
材料	草绳	kg	2.14	1.000	2.000	3.000

工作内容：搬运、绕干、余料清除。

计量单位：m

定 额 编 号				Y1-4-13	Y1-4-14	Y1-4-15
项 目 名 称				草绳绕树干		
				胸径＜20cm	胸径＜25cm	胸径＜30cm
基 价（元）				13.46	17.00	20.54
其中	人 工 费（元）			4.90	6.30	7.70
	材 料 费（元）			8.56	10.70	12.84
	机 械 费（元）			—	—	—
	名 称	单位	单价(元)	消	耗	量
人工	综合工日	工日	140.00	0.035	0.045	0.055
材料	草绳	kg	2.14	4.000	5.000	6.000

254

第三节 树木支撑

1.树木支撑树棍桩

工作内容：制桩、运桩、打桩、绑扎。

计量单位：株

定　额　编　号				Y1-4-16	Y1-4-17	Y1-4-18
项　目　名　称				树木支撑树棍桩		
				四脚桩	三角桩	一字桩
基　　价（元）				25.96	19.56	19.56
其中	人　工　费（元）			5.60	4.20	4.20
	材　料　费（元）			20.36	15.36	15.36
	机　械　费（元）			—	—	—
名　　称		单位	单价（元）	消	耗	量
人工	综合工日	工日	140.00	0.040	0.030	0.030
材料	树棍 长1.2m	根	5.00	4.000	3.000	3.000
	镀锌铁丝 12号	kg	3.57	0.100	0.100	0.100

工作内容：制桩、运桩、打桩、绑扎。   计量单位：株

定　额　编　号				Y1-4-19	Y1-4-20
项　目　名　称				树木支撑树棍桩	
				长单桩	短单桩
基　　　价（元）				10.98	6.58
其中	人　工　费（元）			2.80	1.40
	材　料　费（元）			8.18	5.18
	机　械　费（元）			—	—
名　　称		单位	单价（元）	消　　耗　　量	
人工	综合工日	工日	140.00	0.020	0.010
材料	树棍　长2.2m	根	8.00	1.000	—
	树棍　长1.2m	根	5.00	—	1.000
	镀锌铁丝　12号	kg	3.57	0.050	0.050

2.树木支撑毛竹桩

工作内容：制桩、运桩、打桩、绑扎。

计量单位：株

定 额 编 号			Y1-4-21	Y1-4-22	Y1-4-23
项 目 名 称			树木支撑毛竹桩		
			四脚桩	三角桩(短)	三角桩(长)
基 价 （元）			16.80	9.20	22.50
其中	人 工 费（元）		6.30	4.20	7.00
	材 料 费（元）		10.50	5.00	15.50
	机 械 费（元）		—	—	—
名 称	单位	单价（元）	消	耗	量
人工	综合工日	工日	140.00	0.045	0.030	0.050
材料	竹梢 长5.0m	根	5.00	—	—	3.000
	竹梢 长1.2m	根	1.50	6.000	3.000	—
	扎绑绳	kg	1.00	1.500	0.500	0.500

计量单位：株

定　额　编　号				Y1-4-24	Y1-4-25	Y1-4-26
项　目　名　称				树木支撑毛竹桩		
				一字桩	长单桩	短单桩
基　　　价（元）				9.70	6.10	3.40
其中	人　工　费（元）			4.20	2.80	1.40
	材　料　费（元）			5.50	3.30	2.00
	机　械　费（元）			—	—	—
名　　　称		单位	单价（元）	消　　耗　　量		
人工	综合工日	工日	140.00	0.030	0.020	0.010
材料	竹梢　长2.2m	根	2.80	—	1.000	—
	竹梢　长1.2m	根	1.50	3.000	—	1.000
	扎绑绳	kg	1.00	1.000	0.500	0.500

3.树木支撑其他桩

工作内容：制桩、运桩、打桩、绑扎。

计量单位：株

定 额 编 号					Y1-4-27	Y1-4-28
项 目 名 称					树木支撑铅绳吊桩	树木支撑 预制混凝土单桩
基 价（元）					15.13	42.51
其中	人 工 费（元）				4.90	10.50
	材 料 费（元）				10.23	32.01
	机 械 费（元）				—	—
名 称		单位	单价（元）		消 耗 量	
人工	综合工日	工日	140.00		0.035	0.075
材料	木桩	根	2.22		3.000	—
	镀锌铁丝 8号	kg	3.57		1.000	—
	其他材料费占材料费	%	—		—	10.390
	预制混凝土长单桩 100mm×120mm ×2200mm	根	29.00		—	1.000

259

第四节 树杆刷白

工作内容：调制涂白剂、粉刷、清理。

计量单位：10株

定　额　编　号				Y1-4-29	Y1-4-30
项　目　名　称				树干刷涂白	
				高1.3m树干	
				胸径(5cm以内)	胸径(10cm以内)
基　　　　　价（元）				12.76	18.52
其中	人　工　费（元）			7.00	7.00
	材　料　费（元）			5.76	11.52
	机　械　费（元）			—	—
名　　　称		单位	单价(元)	消　耗	量
人工	综合工日	工日	140.00	0.050	0.050
材料	涂白剂	kg	7.20	0.800	1.600

260

工作内容：调制涂白剂、粉刷、清理。 计量单位：10株

定 额 编 号					Y1-4-31	Y1-4-32
项 目 名 称					树干刷涂白	
					高1.3m树干	
					胸径(15cm以内)	胸径(20cm以内)
基 价（元）					24.28	37.76
其中	人 工 费（元）				7.00	14.00
	材 料 费（元）				17.28	23.76
	机 械 费（元）				—	—
名 称		单位	单价(元)	消	耗	量
人工	综合工日	工日	140.00	0.050		0.100
材料	涂白剂	kg	7.20	2.400		3.300

261

工作内容：调制涂白剂、粉刷、清理。 计量单位：10株

定 额 编 号				Y1-4-33	Y1-4-34
项 目 名 称				树干刷涂白	
				高1.3m树干	
				胸径(25cm以内)	胸径(30cm以内)
基 价（元）				43.52	49.28
其中	人 工 费（元）			14.00	14.00
	材 料 费（元）			29.52	35.28
	机 械 费（元）			—	—
名 称		单位	单价(元)	消 耗 量	
人工	综合工日	工日	140.00	0.100	0.100
材料	涂白剂	kg	7.20	4.100	4.900

第五节 遮阳棚搭设

工作内容：搭拆荫棚，材料场内堆放，清理场地。

计量单位：10m²

定　额　编　号			Y1-4-35	Y1-4-36
项　目　名　称			遮阳棚搭设	
			遮阳棚	
			高度(1m以内)	高度(3m以内)
基　　　价（元）			**42.29**	**67.63**
其中	人　工　费（元）		20.02	34.16
	材　料　费（元）		22.27	33.47
	机　械　费（元）		—	—
名　　称	单位	单价(元)	消　　耗　　量	
人工　综合工日	工日	140.00	0.143	0.244
材料　竹梢 长1.2m	根	1.50	3.200	—
镀锌铁丝 18号	kg	3.57	1.070	1.070
遮阳网	m²	1.30	10.500	10.500
竹梢 长5.0m	根	5.00	—	3.200

工作内容：搭拆荫棚，材料场内堆放，清理场地。 计量单位：10㎡

定　额　编　号	Y1-4-37
项　目　名　称	遮阳棚搭设
	遮阳棚
	高度(5m以内)
基　　价（元）	63.63

其中	人　工　费（元）	49.98
	材　料　费（元）	13.65
	机　械　费（元）	—

	名　　称	单位	单价（元）	消　　耗　　量
人工	综合工日	工日	140.00	0.357
材料	遮阳网	㎡	1.30	10.500

注：遮阳棚搭设高度在5m以上时，另行计算；搭设高度5m以内的钢管及扣件另计。

264

第六节 苗木防寒防冻

工作内容：绕草绳、包塑料薄膜、材料运输、清理场地。　　　　　　　　　　计量单位：株

定　额　编　号				Y1-4-38	Y1-4-39
项　目　名　称				乔灌木防寒防冻	
				树干	
				胸径(5m以内)	胸径(10m以内)
基　　　　　　价（元）				9.41	12.28
其 中	人　工　费（元）			7.00	7.70
	材　料　费（元）			2.41	4.58
	机　械　费（元）			—	—
	名　　　　称	单位	单价(元)	消　　耗　　量	
人 工	综合工日	工日	140.00	0.050	0.055
材 料	塑料薄膜	m²	0.20	1.330	1.510
	草绳	kg	2.14	1.000	2.000

工作内容：绕草绳、包塑料薄膜、材料运输、清理场地。 计量单位：株

定 额 编 号				Y1-4-40	Y1-4-41
项 目 名 称				乔灌木防寒防冻	
				树干	
				胸径（15m以内）	胸径（20m以内）
基 价（元）				15.86	18.73
其中	人 工 费（元）			9.10	9.80
	材 料 费（元）			6.76	8.93
	机 械 费（元）			—	—
名 称		单位	单价(元)	消 耗 量	
人工	综合工日	工日	140.00	0.065	0.070
材料	塑料薄膜	m²	0.20	1.690	1.870
	草绳	kg	2.14	3.000	4.000

工作内容：绕草绳、包塑料薄膜、材料运输、清理场地。 计量单位：10根

定　额　编　号				Y1-4-42	Y1-4-43
项　目　名　称				乔灌木防寒防冻	
				树干	
				胸径(25m以内)	胸径(30m以内)
基　　　价（元）				22.31	25.19
其中	人　工　费（元）			11.20	11.90
	材　料　费（元）			11.11	13.29
	机　械　费（元）			—	—
	名　　称	单位	单价（元）	消　耗　　量	
人工	综合工日	工日	140.00	0.080	0.085
材料	塑料薄膜	m²	0.20	2.050	2.230
	草绳	kg	2.14	5.000	6.000

工作内容：杆顶包塑料薄膜、材料运输、清理场地。 计量单位：10根

定 额 编 号					Y1-4-44	Y1-4-45
项 目 名 称					竹类防寒防冻	
					胸径(5m以内)	胸径(10m以内)
基 价 （元）					7.30	8.06
其中	人 工 费 （元）				7.00	7.70
	材 料 费 （元）				0.30	0.36
	机 械 费 （元）				—	—
名 称		单位	单价(元)	消 耗 量		
人工	综合工日	工日	140.00	0.050		0.055
材料	塑料薄膜	m²	0.20	1.500		1.790

268

工作内容：杆顶包塑料薄膜、材料运输、清理场地。

计量单位：10根

定　额　编　号				Y1-4-46	Y1-4-47
项　目　名　称				竹类防寒防冻	
				胸径(15m以内)	胸径(20m以内)
基　　　价　（元）				**9.50**	**10.28**
其中	人　工　费（元）			9.10	9.80
	材　料　费（元）			0.40	0.48
	机　械　费（元）			—	—
名　　　称		单位	单价(元)	消　耗　量	
人工	综合工日	工日	140.00	0.065	0.070
材料	塑料薄膜	m²	0.20	2.000	2.400

269

第七节 水体护理

工作内容：清理水面杂物和水底沉淀物。

计量单位：㎡/年

定 额 编 号			Y1-4-48
项 目 名 称			水体护理
基 价（元）			2.80
其中	人 工 费（元）		2.80
	材 料 费（元）		—
	机 械 费（元）		—
	名 称	单位	单价（元）	消 耗 量
人 工	综合工日	工日	140.00	0.020

第二部分 园林景观工程

第一章 叠山理水工程

说　明

一、堆塑假山

1. 堆砌假山包括湖石假山、黄石假山、塑假石山等。假山基础除注明者外，套用建筑工程相应子目。

2. 砖骨架的塑假山，如设计要求做部分钢筋混凝土骨架时，应进行换算。钢骨架的塑石山未包括基础、脚手架、主骨架的工料，其工料套用建筑工程消耗量定额相应子目。

3. 假山定额项目均是按露天、地坪上情况考虑的，其中包括施工现场的相石、叠山、支撑、勾缝、养护等全部操作过程。但不包括采购山石前的选石工作。

4. 如在室内叠山或做盆景式假山，仍执行本定额的相应子目，不予换算。

5. 钢骨架钢网塑假山仅包括塑石面基层，但不包括塑石面层，塑石面层套用相应的小品塑石面层等子目。

工程量计算规则

一、假山工程按实际堆砌的石料以"t"计算，计算公式：

堆砌假山工程量＝进料验收的质量—进料剩余的质量

如无石料进场验收量时，可按叠成后的假山计算体积和石料比重换算，参考计算公式如下：

1. 假山体积计算公式：$V_计 = A_矩 \times H_大$（单位：m^3）

2. 假山体积换算质量的计算公式：$W_重 = 2.6 \times V_计 \times Kn$（单位：t）

3. 各种单体孤峰及散点石，按其单体石料体积（取单体长、宽、高各自的平均值乘积）乘以石料比重（2.6）计算。

以上公式：$A_矩$——假山不规则平面轮廓的水平投影面积的最大外接矩形面积（单位：m^2）

$H_大$——假山石着地点至最高顶点的垂直距离（单位：m）；

$V_计$——叠成后的假山计算体积（单位：m^3）；

$W_质$——假山石质量（单位：t）；

2.6——石料比重（单位：t/m^3）；

Kn——折算系数（见下表）；

假山高度H	1m以内	1～2m	2～3m	3～4m
折算系数Kn	0.770	0.720	0.653	0.600

二、假山的基础和自然式驳岸下部的挡土墙，执行建筑工程定额的相应子目。

三、塑假山按外形表面展开面积以"m^2"计算。

第一节 假山工程
1.堆筑土山丘

工作内容：堆土山丘、取土、运土、堆砌、夯实、修整。   计量单位：m³

定 额 编 号			Y2-1-1
项 目 名 称			堆筑土山丘
基　　　　　价（元）			44.52
其中	人 工 费（元）		44.52
	材 料 费（元）		—
	机 械 费（元）		—
	名　　　　称	单位	单价（元）	消　　耗　　量
人 工	综合工日	工日	140.00	0.318

2. 堆砌石假山

工作内容：放线，选石，运石，调、制、运混凝土(砂浆)，堆砌，搭、拆简单脚手架，塞垫嵌缝，清理，养护。

计量单位：t

定　额　编　号			Y2-1-2	Y2-1-3	Y2-1-4	Y2-1-5
项　目　名　称			湖石假山			
			高<1m	高<2m	高<3m	高<4m
基　　　价（元）			525.87	613.10	745.75	844.56
其中	人　工　费（元）		170.52	217.42	298.34	341.04
	材　料　费（元）		338.30	373.94	417.58	469.42
	机　械　费（元）		17.05	21.74	29.83	34.10
名　　　称	单位	单价(元)	消	耗		量
人工 综合工日	工日	140.00	1.218	1.553	2.131	2.436
材料 其他材料费占材料费	%	—	1.500	1.500	1.500	1.500
木撑费	%	—	—	—	0.400	0.650
毛竹	根	15.60	—	0.130	0.180	0.260
水	m³	7.96	0.170	0.170	0.170	0.250
铁件	kg	4.19	—	5.000	10.000	15.000
片石	t	65.00	0.063	0.063	0.038	0.038
湖石	t	300.00	1.000	1.000	1.000	1.000
条石	m³	388.00	—	—	0.050	0.100
脚手板	m³	1880.34	—	0.002	0.003	0.004
水泥砂浆 1:2.5	m³	274.23	0.040	0.050	0.050	0.050
现浇混凝土 C15	m³	281.42	0.060	0.080	0.080	0.100
机械 其他机械费占人工费	%	—	10.000	10.000	10.000	10.000

工作内容：放线，选石，运石，调、制、运混凝土(砂浆)，堆砌，搭、拆简单脚手架，塞垫嵌缝，清理，养护。

计量单位：t

定 额 编 号				Y2-1-6	Y2-1-7	Y2-1-8	Y2-1-9
项 目 名 称				黄石假山			
				高<1m	高<2m	高<3m	高<4m
基 价 （元）				428.03	488.45	636.25	731.28
其中	人 工 费 （元）			153.44	195.30	268.52	307.30
	材 料 费 （元）			259.25	273.62	340.88	393.25
	机 械 费 （元）			15.34	19.53	26.85	30.73
名 称		单位	单价（元）	消	耗		量
人工	综合工日	工日	140.00	1.096	1.395	1.918	2.195
材料	其他材料费占材料费	%	—	1.500	1.500	1.500	1.500
	木撑费	%	—	—	—	0.700	1.100
	毛竹	根	15.60	—	0.130	0.180	0.260
	水	m³	7.96	0.170	0.170	0.170	0.250
	铁件	kg	4.19	—	—	10.000	15.000
	黄石	t	226.21	1.000	1.000	1.000	1.000
	条石	m³	388.00	—	—	0.050	0.100
	脚手板	m³	1880.34	—	0.002	0.003	0.004
	水泥砂浆 1:2.5	m³	274.23	0.040	0.050	0.050	0.050
	现浇混凝土 C15	m³	281.42	0.060	0.080	0.080	0.100
机械	其他机械费占人工费	%	—	10.000	10.000	10.000	10.000

工作内容：放线，选石，运石，调、制、运混凝土(砂浆)，堆砌，搭、拆简单脚手架，塞垫嵌缝，清理，
养护。

计量单位：t

定 额 编 号				Y2-1-10	Y2-1-11	Y2-1-12
项 目 名 称				整块湖石峰	人造湖石峰	
				高<5m	高<3m	高<4m
基 价 （元）				2765.39	996.21	1161.89
其中	人 工 费 （元）			554.12	490.28	618.10
	材 料 费 （元）			2155.86	456.90	481.98
	机 械 费 （元）			55.41	49.03	61.81
名 称		单位	单价(元)	消	耗	量
人工	综合工日	工日	140.00	3.958	3.502	4.415
材料	片石	t	65.00	0.019	—	—
	整块湖石	t	2000.00	1.000	—	—
	湖石	t	300.00	0.250	1.000	1.000
	条石	m³	388.00	—	0.100	0.100
	其他材料费占材料费	%	—	1.500	1.500	1.500
	木撑费	%	—	—	0.700	0.800
	毛竹	根	15.60	—	0.180	0.260
	水	m³	7.96	0.250	0.250	0.250
	铁件	kg	4.19	—	10.000	15.000
	脚手板	m³	1880.34	0.005	0.003	0.004
	水泥砂浆 1：2.5	m³	274.23	0.030	0.050	0.050
	现浇混凝土 C15	m³	281.42	0.100	0.150	0.150
机械	其他机械费占人工费	%	—	10.000	10.000	10.000

工作内容：放线，选石，运石，调、制、运混凝土(砂浆)，堆砌，搭、拆简单脚手架，塞垫嵌缝，清理，养护。

计量单位：t

定　额　编　号				Y2-1-13	Y2-1-14	Y2-1-15
项　目　名　称				人造黄石峰		
				高<2m	高<3m	高<4m
基　　价（元）				649.89	1019.44	1172.48
其中	人　工　费（元）			249.62	441.42	556.50
	材　料　费（元）			375.31	533.88	560.33
	机　械　费（元）			24.96	44.14	55.65
名　　　称		单位	单价（元）	消	耗	量
人工	综合工日	工日	140.00	1.783	3.153	3.975
材料	其他材料费占材料费	%	—	1.000	1.500	1.500
	木撑费	%	—	1.000	1.000	1.500
	毛竹	根	15.60	0.130	0.180	0.260
	水	m³	7.96	0.250	0.250	0.250
	铁件	kg	4.19	5.000	10.000	15.000
	黄石	t	226.21	1.000	1.000	1.000
	条石	m³	388.00	—	0.100	0.100
	脚手板	m³	1880.34	0.002	0.003	0.008
	水泥砂浆 1:2.5	m³	274.23	0.330	0.660	0.660
	现浇混凝土 C15	m³	281.42	0.080	0.080	0.050
机械	其他机械费占人工费	%	—	10.000	10.000	10.000

3.石笋安装

工作内容：放线，选石，运石，调、制、运混凝土(砂浆)，堆砌，搭、拆简单脚手架，塞垫嵌缝，清理，养护。

计量单位：只

定 额 编 号				Y2-1-16	Y2-1-17	Y2-1-18
项 目 名 称				石笋安装		
				高<2m	高<3m	高<4m
基 价 （元）				578.33	921.53	2073.55
其中	人 工 费（元）			85.26	127.82	234.50
	材 料 费（元）			484.54	780.93	1815.60
	机 械 费（元）			8.53	12.78	23.45
名 称		单位	单价(元)	消	耗	量
人工	综合工日	工日	140.00	0.609	0.913	1.675
材料	石笋（2m以内）	支	400.00	1.000	—	—
	石笋（3m以内）	支	650.00	—	1.000	—
	其他材料费占材料费	%	—	1.500	1.500	1.500
	木撑费	%	—	—	0.100	0.100
	水	m³	7.96	0.080	0.080	0.080
	石笋（4m以内）	支	1600.00	—	—	1.000
	湖石	t	300.00	0.200	0.300	0.500
	水泥砂浆 1：2.5	m³	274.23	0.020	0.020	0.030
	现浇混凝土 C15	m³	281.42	0.040	0.080	0.100
机械	其他机械费占人工费	%	—	10.000	10.000	10.000

4. 点风景石

工作内容：放线，选石，运石，调、制、运混凝土(砂浆)，堆砌，搭、拆简单脚手架，塞垫嵌缝，清理，养护。

计量单位：t

定　额　编　号				Y2-1-19	Y2-1-20	Y2-1-21
项　目　名　称				土山点石		
				高<2m	高<3m	高<4m
基　　　价（元）				424.47	471.44	494.85
其中	人　工　费（元）			106.54	149.24	170.52
	材　料　费（元）			307.28	307.28	307.28
	机　械　费（元）			10.65	14.92	17.05
名　　　称		单位	单价（元）	消　　耗　　量		
人工	综合工日	工日	140.00	0.761	1.066	1.218
材料	其他材料费占材料费	%	—	1.500	1.500	1.500
	湖石	t	300.00	1.000	1.000	1.000
	水泥砂浆 1：2.5	m³	274.23	0.010	0.010	0.010
机械	其他机械费占人工费	%	—	10.000	10.000	10.000

283

5. 池石、盆景石

工作内容：放线，选石，运石，调、制、运混凝土(砂浆)，堆砌，搭、拆简单脚手架，塞垫嵌缝，清理，养护。

计量单位：t

定　额　编　号				Y2-1-22
项　目　名　称				池石、盆景石
基　　　价（元）				495.32
其中	人　工　费（元）			206.50
	材　料　费（元）			252.82
	机　械　费（元）			36.00
名　　称	单位	单价（元）	消　　耗　　量	
人工	综合工日	工日	140.00	1.475
材料	其他材料费占材料费	%	—	1.000
	铁件	kg	4.19	1.500
	黄石	t	226.21	1.010
	木板	m³	1634.16	0.001
	水泥砂浆 1:2.5	m³	274.23	0.020
	现浇混凝土 C15	m³	281.42	0.030
机械	汽车式起重机 12t	台班	857.15	0.042

6.塑假山

工作内容：放样划线，挖土方、浇捣混凝土垫层、砌骨架或焊接骨架挂钢网、堆筑成型。 计量单位：㎡

定 额 编 号				Y2-1-23	Y2-1-24	Y2-1-25
项 目 名 称				砖骨架塑假山		
				高＜2.5m	高＜6m	高＜10m
基 价 （元）				193.49	278.61	293.82
其中	人 工 费 （元）			69.72	92.12	106.40
	材 料 费 （元）			116.80	177.28	176.78
	机 械 费 （元）			6.97	9.21	10.64
名 称		单位	单价（元）	消	耗	量
人工	综合工日	工日	140.00	0.498	0.658	0.760
材料	其他材料费占材料费	%	—	1.000	1.000	1.000
	预制混凝土板	m³	530.00	0.011	0.012	0.018
	水	m³	7.96	0.060	0.074	0.082
	机砖 240×115×53	块	0.38	154.000	231.000	274.000
	水泥砂浆 1:2.5	m³	274.23	0.039	0.045	0.041
	水泥砂浆 1:2	m³	281.46	0.010	0.010	0.010
	水泥混合砂浆 M7.5	m³	221.59	0.082	0.110	0.134
	水泥混合砂浆 M5	m³	217.47	—	0.116	0.012
	现浇混凝土 C15	m³	281.42	0.068	0.057	0.051
机械	其他机械费占人工费	%	—	10.000	10.000	10.000

工作内容：放样划线，挖土方、浇捣混凝土垫层、砌骨架或焊接骨架挂钢网、堆筑成型、制纹理。

计量单位：m²

定 额 编 号				Y2-1-26	
项 目 名 称				钢骨架钢网塑假山	
基 价（元）				130.34	
其中	人 工 费（元）			76.72	
	材 料 费（元）			45.95	
	机 械 费（元）			7.67	
	名 称	单位	单价（元）	消 耗 量	
人工	综合工日	工日	140.00	0.548	
材料	水	m³	7.96	0.015	
	电焊条	kg	5.98	0.131	
	螺纹钢筋 HRB400 φ10以内	t	3500.00	0.007	
	钢丝网	m²	5.05	1.075	
	水泥砂浆 1:2	m³	281.46	0.031	
	水泥砂浆 1:1	m³	304.25	0.021	
机械	其他机械费占人工费	%	—	10.000	

第二节 驳岸工程

1. 石砌驳岸

工作内容：放样、相石、运石、砂浆调制、运输、堆叠、勾缝、清理养护等。　　　　　　　　　计量单位：m³

定　额　编　号				Y2-1-27	
项　目　名　称				石砌驳岸	
基　　　价（元）				177.46	
其中	人　工　费（元）			58.10	
	材　料　费（元）			113.55	
	机　械　费（元）			5.81	
	名　　　称	单位	单价（元）	消　耗　　量	
人工	综合工日	工日	140.00	0.415	
材料	片石	t	65.00	0.738	
	水泥砂浆 M5.0	m³	192.88	0.340	
机械	其他机械费占人工费	%	—	10.000	

2.原木桩驳岸

工作内容：木桩加工、打木桩、刷防护材料。 计量单位：m³

定 额 编 号				Y2-1-28	
项 目 名 称				原木桩驳岸	
基 价（元）				1816.72	
其中	人 工 费（元）			465.08	
	材 料 费（元）			1258.62	
	机 械 费（元）			93.02	
名 称		单位	单价（元）	消 耗 量	
人工	综合工日	工日	140.00	3.322	
材料	其他材料费占材料费	%	—	1.000	
	圆木桩	m³	1153.85	1.080	
机械	其他机械费占人工费	%	—	20.000	

288

3.铺卵石驳岸

工作内容：修边坡、铺卵石、点步大卵石。 计量单位：m²

定　额　编　号				Y2-1-29		
项　目　名　称				铺卵石驳岸		
基　　价（元）				94.13		
其中	人　工　费（元）			62.02		
	材　料　费（元）			32.11		
	机　械　费（元）			—		
名　　称		单位	单价（元）	消　　耗　　　量		
人工	综合工日	工日	140.00	0.443		
材料	其他材料费占材料费	%	—	5.700		
	水	m³	7.96	0.016		
	本色卵石	t	233.01	0.067		
	水泥砂浆 1:2	m³	281.46	0.052		

第二章 小品景观工程

说　　明

1. 园林景观是指园林建设中的工艺点缀品，艺术性强，它包括堆塑装饰、小型预制混凝土构件、金属构件等小型设施。

2. 子目内的钢筋用量已综合考虑制作安装中的损耗，与实际不同时，一般不得调整。

3. 柱面塑松皮、塑杉木皮、塑竹节、竹片、塑木纹等子目，仅考虑表面层的装饰和底层抹灰，基层材料均未考虑在内。

4. 塑松棍、柱面塑松皮按一般造型考虑，若艺术造型（如树枝老松皮寄生等）另行计算。

5. 水磨石景窗如有装饰线或圆弧形，人工数量乘以系数 1.3,其他不变。

6. 预制构件（除原木纹板外）按白水泥考虑，如需加色，颜料用量按白水泥用量的 8%计算。

7. 亭层面：树皮、麦草、山草、丝毛草子目中包括檩椽。

8. 涉及油漆工程执行装饰装修工程消耗量定额相应子目。

9. 亭屋面等工程涉及土方挖运、模板、钢筋、垂直运输等费用，参照建筑工程消耗量定额相关子目执行。

10. 本章定额中的"计量单位"与国家工程量清单计价规范的"计量单位"保持一致，如计量单位有不同时，应作换算。

11. 钢构架中钢构件弯曲费可另行按实计算。

12. 塑木纹面层除颜料可按实调整换算外，其他含量一律不予调整。

工程量计算规则

1. 亭屋面按设计图示尺寸的展开面积，以"m²"计算。

2. 木制花架、梁、柱、檩的制作、安装，按设计尺寸以"m³"计算。

3. 钢架制作、安装按设计图示尺寸，以"t"计算。

4. 塑树皮、塑竹、竹片、壁画，以"m²"计算。

5. 预制塑松根、松树皮、塑黄竹、金丝，以"m"计算。

6. 白色水磨石平板凳、飞来椅制作，以"m"计算。

7. 水磨石桌、凳安装，以"只"计算。

8. 白色水磨石原色木纹板制作、安装，以"m²"计算。

9. 塑木纹墙柱面制作、安装按设计图示尺寸，以"m²"计算。

10. 塑树皮垃圾桶制作、安装按设计图示尺寸，以"只"计算。

11. 石凳、石桌按设计图示尺寸及工艺要求，以"m³"计算。

12. 白色水磨石景窗、花檐、博古架安装，按设计图示尺寸，以"m"计算。

13. 木质博古架、水磨石木纹板，以"m²"计算。

14. 预制混凝土门窗框、花池、砖砌园林小摆设、水泥假树、树根墩形棲台制作、安装按设计图示尺寸，以"m³"计算。砖砌园林小摆设抹灰，以"m²"计算。

15. 预制混凝土花色栏杆、金属花色栏杆制作、安装，以"m"计算。

16. 采光花廊天棚制作、安装按设计图示尺寸及材质，以"m²"计算。

第一节 亭屋面

工作内容：1.选树皮、铺树皮、树皮搭接；
　　　　　2.选料、放样及制作檩托木(垫木)檩椽刨光；
　　　　　3.安放檩、椽子；
　　　　　4.选草、铺草屋面；
　　　　　5.选、安放楠竹檩、毛竹夹草屋面。

计量单位：m²

定　额　编　号			Y2-2-1	Y2-2-2	Y2-2-3
项　目　名　称			麦草	山草	丝毛草
			20cm厚	15cm厚	
基　　　价（元）			223.04	425.21	746.67
其中	人　工　费（元）		129.50	138.46	129.78
	材　料　费（元）		87.08	284.38	611.08
	机　械　费（元）		6.46	2.37	5.81
名　　称	单位	单价（元）	消　　耗　　量		
人工	综合工日	工日	140.00	0.925	0.989	0.927
材料	麦草	kg	0.40	40.000	—	—
	南竹檩 φ80～φ100	根	20.00	1.180	1.180	1.180
	丝毛草	kg	18.00	—	—	30.000
	竹蔑	kg	7.00	0.130	0.130	0.130
	棚蔑	kg	6.50	1.500	1.500	1.500
	毛竹	根	15.60	2.360	2.360	2.360
	山草	kg	7.11	—	30.000	—
机械	灰浆搅拌机 200L	台班	215.26	0.030	0.011	0.027

工作内容：1.选树皮、铺树皮、树皮搭接；
        2.选料、放样及制作檩托木(垫木)檩椽刨光；
        3.安放檩、椽子；
        4.选草、铺草屋面；
        5.选、安放楠竹檩、毛竹夹草屋面。

计量单位：m²

定　额　编　号			Y2-2-4
项　目　名　称			树皮
基　　　　价（元）			297.35
其中	人　工　费（元）		63.00
	材　料　费（元）		227.89
	机　械　费（元）		6.46
名　　　称	单位	单价(元)	消　　耗　　量
人工	综合工日	工日	140.00	0.450
材料	山草	kg	7.11	0.020
	树皮	m²	29.90	1.260
	建筑胶	kg	6.80	0.210
	氧化铁红	kg	4.38	0.120
	铁钉	kg	3.56	0.020
	水泥 32.5级	kg	0.29	0.040
	工程板枋材	m³	1880.34	0.100
机械	灰浆搅拌机 200L	台班	215.26	0.030

第二节 花架

工作内容：选料、划线、放样、凿眼、刨光、安装等全部工序。　　　　　　　　　　　　计量单位：m³

定　额　编　号			Y2-2-5	Y2-2-6	Y2-2-7
项　目　名　称			木制花架		
			柱	梁	檩条
基　　　　　价（元）			2649.79	2343.74	2406.95
其中	人　工　费（元）		532.70	233.80	296.80
	材　料　费（元）		2111.76	2107.60	2107.18
	机　械　费（元）		5.33	2.34	2.97
名　　　称		单位	单价（元）	消　　耗　　量	
人工	综合工日	工日	140.00	3.805	1.670	2.120
材料	现浇混凝土 C15	m³	281.42	0.060	—	—
	其他材料费占材料费	%	—	0.160	0.150	0.150
	防腐油	kg	1.46	—	1.100	3.900
	螺栓	个	0.32	4.200	9.500	8.500
	铁件	kg	4.19	5.200	7.500	6.500
	工程板枋材	m³	1880.34	1.100	1.100	1.100
机械	其他机械费占人工费	%	—	1.000	1.000	1.000

工作内容：1.制作：下料切割、划线、焊接；
　　　　　2.安装：成品安装、焊接打磨、防锈等。

计量单位：t

定　额　编　号				Y2-2-8	Y2-2-9
项　目　名　称				钢制花架	
				钢柱	钢梁
基　　　价（元）				6639.10	6533.17
其中	人　工　费（元）			1899.94	1928.08
	材　料　费（元）			4357.69	4279.96
	机　械　费（元）			381.47	325.13
名　　称		单位	单价（元）	消　　耗　　量	
人工	综合工日	工日	140.00	13.571	13.772
材料	其他材料费占材料费	%	—	2.600	2.600
	乙炔气	m³	11.48	4.100	2.700
	氧气	m³	3.63	9.000	6.000
	稀释剂	kg	9.53	2.600	2.600
	防锈漆	kg	5.62	9.200	9.200
	电焊条	kg	5.98	28.000	20.000
	螺栓	个	0.32	5.000	2.000
	型钢	t	3700.00	1.060	1.060
机械	其他机械费占人工费	%	—	4.000	3.000
	汽车式起重机 8t	台班	763.67	0.400	0.350

第三节 塑树皮、塑竹装饰

工作内容：调运砂浆、找平、二底二面，塑面层清理、养护。　　　　　　　　　　计量单位：m²

定　额　编　号				Y2-2-10	Y2-2-11	Y2-2-12
项　目　名　称				塑松(杉)树皮	塑竹节、竹片	壁画面
基　　　　　价（元）				249.46	265.65	52.29
其中	人　工　费（元）			228.20	228.20	42.00
	材　料　费（元）			21.26	37.45	10.29
	机　械　费（元）			—	—	—
名　　　称		单位	单价（元）	消	耗	量
人工	综合工日	工日	140.00	1.630	1.630	0.300
材料	石性颜料	kg	5.98	0.600	—	—
	氧化铬绿	kg	35.00	—	0.560	—
	混合砂浆 1∶1∶6	m³	237.06	0.008	0.008	—
	白水泥砂浆 1∶1	m³	869.25	0.015	0.015	—
	其他材料费占材料费	%	—	1.100	1.100	1.400
	石灰水泥麻刀砂浆	m³	174.78	—	—	0.016
	麻刀石灰浆	m³	298.93	—	—	0.012
	水泥砂浆 1∶3	m³	250.74	0.010	0.010	0.015

工作内容：钢筋制作绑扎、调制砂浆、底面抹灰及现场安装。 计量单位：m

定　额　编　号				Y2-2-13	Y2-2-14
项　目　名　称				预制塑松根	
				直径＜15cm	直径＜25cm
基　　价（元）				79.58	109.43
其中	人　工　费（元）			57.68	73.08
	材　料　费（元）			21.90	36.35
	机　械　费（元）			—	—
名　　称		单位	单价（元）	消　　耗　　量	
人工	综合工日	工日	140.00	0.412	0.522
材料	细铁丝网	m²	12.00	0.498	0.829
	镀锌铁丝 22号	kg	3.57	0.095	0.120
	螺纹钢筋 HRB400 φ10以内	t	3500.00	0.001	0.003
	其他材料费占材料费	%	—	3.000	3.000
	墨汁	kg	13.25	0.042	0.076
	水	m³	7.96	0.007	0.012
	氧化铁红	kg	4.38	0.181	0.301
	素水泥浆	m³	444.07	0.015	0.008
	水泥砂浆 1：2	m³	281.46	0.012	0.030

工作内容：钢筋制作绑扎、调制砂浆、底面抹灰及现场安装。 计量单位：m

定 额 编 号				Y2-2-15	Y2-2-16
项 目 名 称				塑松皮柱	
				直径＜20cm	直径＜30cm
基 价（元）				70.29	102.96
其中	人 工 费（元）			61.60	89.88
	材 料 费（元）			8.69	13.08
	机 械 费（元）			—	—
	名 称	单位	单价（元）	消 耗 量	
人工	综合工日	工日	140.00	0.440	0.642
材料	其他材料费占材料费	%	—	2.600	2.600
	墨汁	kg	13.25	0.063	0.095
	水	m³	7.96	0.006	0.006
	氧化铁红	kg	4.38	0.251	0.377
	素水泥浆	m³	444.07	0.007	0.010
	水泥砂浆 1:2	m³	281.46	0.012	0.019

301

工作内容：钢筋制作绑扎、调制砂浆、底面抹灰及现场安装。　　　　　　　　　　　　　　计量单位：m

定　额　编　号				Y2-2-17	Y2-2-18
项　目　名　称				塑黄竹	
				直径＜10cm	直径＜15cm
基　　　　　价（元）				83.69	121.27
其中	人　工　费（元）			65.38	86.24
	材　料　费（元）			18.31	35.03
	机　械　费（元）			—	—
名　　　　称		单位	单价（元）	消　　耗　　量	
人工	综合工日	工日	140.00	0.467	0.616
材料	氧化铁红	kg	4.38	0.006	0.009
	其他材料费占材料费	%	—	2.500	2.500
	黄丹粉	kg	6.88	0.030	0.045
	水	m³	7.96	0.005	0.006
	角铁 150×5	t	3119.00	0.004	0.008
	镀锌铁丝 22号	kg	3.57	0.080	0.100
	白水泥浆	m³	1199.10	0.002	0.003
	水泥砂浆 1：1	m³	304.25	0.008	0.016

工作内容：钢筋制作绑扎、调制砂浆、底面抹灰及现场安装。 计量单位：m

定 额 编 号			Y2-2-19	Y2-2-20
项 目 名 称			塑金丝竹	
			直径＜10cm	直径＜15cm
基 价（元）			512.42	628.74
其中	人 工 费（元）		491.40	590.52
	材 料 费（元）		21.02	38.22
	机 械 费（元）		—	—
名 称	单位	单价（元）	消 耗 量	
人工	综合工日	工日	140.00	3.510	4.218
材料	其他材料费占材料费	%	—	2.500	2.500
	锡纸	kg	9.73	0.002	0.013
	白回丝	kg	7.73	0.013	0.019
	黄丹粉	kg	6.88	0.030	0.045
	水	m³	7.96	0.005	0.006
	松黄油	kg	5.58	0.094	0.141
	硬白蜡	kg	5.96	0.031	0.048
	氧化铬绿	kg	35.00	0.030	0.005
	草酸	kg	6.90	0.094	0.141
	角铁 150×5	t	3119.00	0.004	0.008
	镀锌铁丝 22号	kg	3.57	0.080	0.100
	三角金刚石	块	10.98	0.040	0.060
	白水泥浆	m³	1199.10	0.002	0.003
	水泥砂浆 1∶1	m³	304.25	0.007	0.016

第四节 园林桌椅

工作内容：混凝土制作浇捣养护、磨光打蜡、钢筋制作绑扎全部工序等。　　　　　　计量单位：m

定　额　编　号			Y2-2-21	Y2-2-22
项　目　名　称			白色水磨石平板凳	
			预制	现浇
基　　　　价　（元）			337.51	374.36
其中	人　工　费（元）		300.30	336.28
	材　料　费（元）		37.21	38.08
	机　械　费（元）		—	—
名　　　称	单位	单价（元）	消　　耗　　量	
人工	综合工日	工日	140.00	2.145	2.402
材料	其他材料费占材料费	%	—	5.000	5.000
	锡纸	kg	9.73	0.003	0.003
	白回丝	kg	7.73	0.020	0.020
	松节油	kg	3.39	0.144	0.144
	硬白蜡	kg	5.96	0.047	0.147
	草酸	kg	6.90	0.144	0.144
	圆钉	kg	5.13	0.044	0.088
	镀锌铁丝 22号	kg	3.57	0.058	0.058
	三角金刚石	块	10.98	0.061	0.061
	水泥 32.5级	kg	0.29	0.150	0.150
	螺纹钢筋 HRB400 φ10以内	t	3500.00	0.004	0.004
	白水泥	kg	0.78	0.900	0.900
	水泥白石子浆 1：1.5	m³	630.24	0.028	0.028

工作内容：混凝土制作浇捣养护、磨光打蜡、钢筋制作绑扎全部工序等。　　　　　　　　　　　计量单位：m

定　额　编　号			Y2-2-23		
项　目　名　称			白色水磨石飞来椅制作		
基　　　　价（元）			673.72		
其中	人　工　费（元）		607.60		
	材　料　费（元）		66.12		
	机　械　费（元）		—		
名　　　称		单位	单价（元）	消　　耗　　量		
人工	综合工日	工日	140.00	4.340		
材料	其他材料费占材料费	%	—	2.000		
	锡纸	kg	9.73	0.007		
	白回丝	kg	7.73	0.044		
	松节油	kg	3.39	0.332		
	硬白蜡	kg	5.96	0.111		
	草酸	kg	6.90	0.332		
	圆钉	kg	5.13	0.061		
	镀锌铁丝 22号	kg	3.57	0.100		
	三角金刚石	块	10.98	0.142		
	水泥 32.5级	kg	0.29	10.000		
	螺纹钢筋 HRB400 φ10以内	t	3500.00	0.007		
	白水泥	kg	0.78	2.200		
	水泥白石子浆 1∶1.5	m³	630.24	0.046		

工作内容：挖坑，捣垫层、基础混凝土，桌、凳安装。 　　　　　　　　　　　　　　 计量单位：只

定　额　编　号				Y2-2-24	
项　目　名　称				水磨石桌、凳安装	
基　　　　　价（元）				33.71	
其中	人　工　费（元）			26.46	
	材　料　费（元）			7.25	
	机　械　费（元）			—	
名　　　称		单位	单价（元）	消　　耗　　量	
人工	综合工日	工日	140.00	0.189	
材料	其他材料费占材料费	%	—	5.000	
	石灰	kg	0.32	4.000	
	现浇混凝土 C15	m³	281.42	0.020	

工作内容：1.预制混凝土平凳制作安装。
　　　　　2.混凝土制作浇捣养护。
　　　　　3.砂浆制作、抹面、养护等。

计量单位：m²

定　额　编　号			Y2-2-25	Y2-2-26	Y2-2-27
项　目　名　称			白水磨石原色木纹板(平凳)		塑木纹墙柱面
			制作	安装	
基　　　价（元）			151.75	24.64	142.97
其中	人　工　费（元）		118.30	20.58	125.86
	材　料　费（元）		33.45	4.06	15.39
	机　械　费（元）		—	—	1.72
名　　称	单位	单价（元）	消　耗		量
人工 综合工日	工日	140.00	0.845	0.147	0.899
材料 镀锌铁丝 22号	kg	3.57	0.100	—	—
黄丹粉	kg	6.88	—	—	0.048
水泥 32.5级	kg	0.29	3.000	—	3.500
其他材料费占材料费	%	—	2.000	1.200	2.000
螺纹钢筋 HRB400 φ10以内	t	3500.00	0.002	—	—
水泥砂浆 1:3	m³	250.74	—	0.016	0.016
水泥砂浆 1:1	m³	304.25	0.032	—	0.032
现浇混凝土 C20	m³	296.56	0.050	—	—
机械 灰浆搅拌机 200L	台班	215.26	—	—	0.008

工作内容：1.预制混凝土平凳制作安装。
　　　　　2.混凝土制作浇捣养护。
　　　　　3.砂浆制作、抹面、养护等。

计量单位：只

定　额　编　号				Y2-2-28	
项　目　名　称				塑树皮垃圾桶	
				内径50cm，壁厚5cm，桶高70cm	
基　　　价（元）				356.76	
其中	人　工　费（元）			301.70	
	材　料　费（元）			55.06	
	机　械　费（元）			—	
名　　称		单位	单价（元）	消　　耗　　量	
人工	综合工日	工日	140.00	2.155	
材料	其他材料费占材料费	%	—	1.000	
	钢板网	m²	5.36	1.270	
	石性颜料	kg	5.98	0.659	
	螺纹钢筋 HRB400 φ10以内	t	3500.00	0.005	
	水泥砂浆 1：3	m³	250.74	0.051	
	水泥砂浆 1：1	m³	304.25	0.017	
	现浇混凝土 C20	m³	296.56	0.028	

工作内容：条形石凳(方形、圆形、石桌)制作安装。 计量单位：m³

定　额　编　号					Y2-2-29	Y2-2-30
项　目　名　称					石凳(桌)	
					二步做糙平直石凳面	二步做糙曲弧形石凳面
					断面240cm²	断面375cm²
基　　　价（元）					4742.23	5245.46
其中	人　工　费（元）				4045.30	4402.30
	材　料　费（元）				696.93	843.16
	机　械　费（元）				—	—
名　　　称		单位	单价（元）		消　　耗　　量	
人工	综合工日	工日	140.00		28.895	31.445
材料	其他材料费占材料费	%	—		1.000	1.000
	焦炭	kg	1.42		2.400	2.530
	砂轮	片	4.92		0.060	0.060
	乌钢头	kg	6.60		2.240	0.260
	料石	m³	450.00		1.480	1.830
	圆钢(综合)	kg	3.40		1.630	1.680

工作内容：条形石凳(方形、圆形、石桌)制作安装。

计量单位：m³

定　额　编　号					Y2-2-31	Y2-2-32
项　目　名　称					石凳(桌)	
					二步做糙石凳脚	二遍剁斧平直形石凳面
					断面400～625cm²	断面240cm²
基　　　　价　(元)					9378.66	5250.20
其中	人　工　费　(元)				8680.00	4565.40
	材　料　费　(元)				698.66	684.80
	机　械　费　(元)				—	—
名　　称		单位	单价(元)		消　　耗　　量	
人工	综合工日	工日	140.00		62.000	32.610
材料	其他材料费占材料费	%	—		1.000	1.000
	焦炭	kg	1.42		9.680	2.630
	砂轮	片	4.92		0.290	0.070
	乌钢头	kg	6.60		0.990	0.270
	料石	m³	450.00		1.440	1.480
	圆钢(综合)	kg	3.40		6.480	1.810

310

工作内容：条形石凳(方形、圆形、石桌)制作安装。 计量单位：m³

定 额 编 号				Y2-2-33	Y2-2-34
项 目 名 称				石凳(桌)	
				二遍剁斧曲弧形石凳面	二遍剁斧石凳脚
				断面375cm²	断面400～625cm²
基 价（元）				5814.20	12634.64
其中	人 工 费（元）			4970.00	11942.70
	材 料 费（元）			844.20	691.94
	机 械 费（元）			—	—
名 称	单位	单价（元）		消 耗 量	
人工	综合工日	工日	140.00	35.500	85.305
材料	焦炭	kg	1.42	2.830	1.950
	砂轮	片	4.92	0.080	0.270
	乌钢头	kg	6.60	0.290	1.120
	料石	m³	450.00	1.830	1.440
	圆钢(综合)	kg	3.40	1.770	7.530
	其他材料费占材料费	%	—	1.000	1.000

工作内容：条形石凳(方形、圆形、石桌)制作安装。 计量单位：m³

定 额 编 号					Y2-2-35	
项 目 名 称					石凳(桌)安装	
基 价（元）					312.28	
其中	人 工 费（元）				303.80	
	材 料 费（元）				8.48	
	机 械 费（元）				—	
名 称		单位	单价(元)	消	耗	量
人工	综合工日	工日	140.00		2.170	
材料	其他材料费占材料费	%	—		1.000	
	水泥砂浆 M10	m³	209.99		0.040	

第五节 杂项

工作内容：水泥砂浆制作、运输、磨光、打蜡、保护、钢筋制作绑扎、安装等全部工序。　　计量单位：m

定　额　编　号			Y2-2-36	Y2-2-37
项　目　名　称			白色水磨石景窗	
			现场抹灰，断面	
			面积40cm×3cm	面积30cm×3cm
基　　　价（元）			400.66	354.42
其中	人　工　费（元）		392.14	347.90
	材　料　费（元）		8.52	6.52
	机　械　费（元）		—	—
名　　称	单位	单价（元）	消　　耗　　量	
人工 综合工日	工日	140.00	2.801	2.485
材料 白回丝	kg	7.73	0.020	0.016
锡纸	kg	9.73	0.003	0.002
金刚石 20cm×5cm×1cm	块	10.29	0.064	0.051
松节油	kg	3.39	0.150	0.120
硬白蜡	kg	5.96	0.050	0.040
草酸	kg	6.90	0.150	0.120
水泥白石子浆 1：1.5	m³	630.24	0.004	0.003
其他材料费占材料费	%	—	1.500	1.500
白水泥	kg	0.78	1.200	0.900
水泥砂浆 1：2	m³	281.46	0.008	0.006

工作内容：水泥砂浆制作、运输、磨光、打蜡、保护、钢筋制作绑扎、安装等全部工序。　计量单位：m

定　额　编　号				Y2-2-38	Y2-2-39
项　目　名　称				白色水磨石景窗	
				预制，断面	安装，断面
				面积32cm×3cm	
基　　　价（元）				382.86	20.41
其中	人　工　费（元）			365.54	17.50
	材　料　费（元）			17.32	2.91
	机　械　费（元）			—	—
名　　称		单位	单价（元）	消　　耗　　量	
人工	综合工日	工日	140.00	2.611	0.125
材料	白回丝	kg	7.73	0.016	—
	锡纸	kg	9.73	0.002	—
	金刚石 20cm×5cm×1cm	块	10.29	0.051	—
	松节油	kg	3.39	0.012	—
	硬白蜡	kg	5.96	0.040	—
	草酸	kg	6.90	0.012	—
	镀锌铁丝 22号	kg	3.57	0.050	—
	螺纹钢筋 HRB400 φ10以内	t	3500.00	0.002	—
	水泥白石子浆 1：1.5	m³	630.24	0.010	—
	其他材料费占材料费	%	—	2.500	5.000
	白水泥	kg	0.78	0.900	0.300
	水泥砂浆 1：2	m³	281.46	0.006	0.009

工作内容：水泥砂浆制作、运输、磨光、打蜡、保护、钢筋制作绑扎、安装等全部工序。　　计量单位：m

定　额　编　号			Y2-2-40	Y2-2-41
项　目　名　称			白色水磨石花檐	
			预制，截面积3cm×3cm	安装，截面积3cm×3cm
基　　　　价（元）			370.65	10.07
其中	人　工　费（元）		368.34	9.94
	材　料　费（元）		2.31	0.13
	机　械　费（元）		—	—
名　　　称	单位	单价（元）	消　　耗　　量	
人工	综合工日	工日	140.00	2.631	0.071

	名　　　称	单位	单价（元）	消　　耗　　量	
材料	金刚砂 20cm×5cm×1cm	块	10.29	0.015	—
	白回丝	kg	7.73	0.005	—
	锡纸	kg	9.73	0.001	—
	松节油	kg	3.39	0.036	—
	硬白蜡	kg	5.96	0.012	—
	草酸	kg	6.90	0.036	—
	圆钉	kg	5.13	0.035	—
	白水泥	kg	0.78	0.300	—
	水泥白石子浆 1:1.5	m³	630.24	0.001	—
	水泥砂浆 1:2	m³	281.46	0.001	—
	其他材料费占材料费	%	—	6.000	10.000
	电焊条	kg	5.98	0.035	0.020

工作内容：水泥砂浆制作、运输、磨光、打蜡、保护、钢筋制作绑扎、安装等全部工序。　　计量单位：m

定　额　编　号			Y2-2-42	Y2-2-43
项　目　名　称			白色水磨角花	
			预制，截面积5cm×2.5cm	安装，截面积5cm×2.5cm
基　　　　价（元）			350.95	10.07
其中	人　工　费（元）		348.32	9.94
	材　料　费（元）		2.63	0.13
	机　械　费（元）		—	—
名　　　称	单位	单价（元）	消　耗　　　量	
人工 综合工日	工日	140.00	2.488	0.071
材料 金刚砂 20cm×5cm×1cm	块	10.29	0.019	—
白回丝	kg	7.73	0.006	—
锡纸	kg	9.73	0.001	—
松节油	kg	3.39	0.045	—
硬白蜡	kg	5.96	0.015	—
草酸	kg	6.90	0.045	—
圆钉	kg	5.13	0.041	—
白水泥	kg	0.78	0.400	—
水泥白石子浆 1:1.5	m³	630.24	0.001	—
水泥砂浆 1:2	m³	281.46	0.001	—
其他材料费占材料费	%	—	6.000	10.000
电焊条	kg	5.98	0.041	0.020

工作内容：水泥砂浆制作、运输、磨光、打蜡、保护、钢筋制作绑扎、安装等全部工序。　　计量单位：m

定　额　编　号				Y2-2-44	Y2-2-45
项　目　名　称				白色水磨石博古架	
				预制，断面30cm×2.5cm	安装，断面30cm×2.5cm
基　　　价（元）				389.99	23.80
其中	人　工　费（元）			382.90	23.80
	材　料　费（元）			7.09	—
	机　械　费（元）			—	—
名　　　称		单位	单价（元）	消　　耗　　量	
人工	综合工日	工日	140.00	2.735	0.170
材料	电焊条	kg	5.98	0.050	—
	三角金刚石	块	10.98	0.059	—
	水泥白石子浆 1：1.5	m³	630.24	0.001	—
	水泥砂浆 1：2	m³	281.46	0.007	—
	圆钉	kg	5.13	0.047	—
	其他材料费占材料费	%	—	2.500	—
	锡纸	kg	9.73	0.003	—
	白回丝	kg	7.73	0.018	—
	松节油	kg	3.39	0.134	—
	硬白蜡	kg	5.96	0.045	—
	草酸	kg	6.90	0.134	—
	镀锌铁丝 22号	kg	3.57	0.018	—
	白水泥	kg	0.78	1.600	

工作内容：水泥砂浆制作、运输、磨光、打蜡、保护、钢筋制作绑扎、安装等全部工序。　计量单位：m²

定　额　编　号				Y2-2-46	
项　目　名　称				木质博古架投影面积	
基　　　价（元）				90.32	
其中	人　工　费（元）			56.42	
	材　料　费（元）			33.90	
	机　械　费（元）			—	
	名　　　称	单位	单价（元）	消　　耗　　量	
人工	综合工日	工日	140.00	0.403	
材料	圆钉	kg	5.13	0.044	
	松木成材	m³	1435.27	0.023	
	其他材料费占材料费	%	—	2.000	

318

工作内容：水泥砂浆制作、运输、磨光、打蜡、保护、钢筋制作绑扎、安装等全部工序。　计量单位：m²

定　额　编　号			Y2-2-47	Y2-2-48
项　目　名　称			水磨石木纹板	
			制作	安装
基　　　价（元）			46.61	54.65
其中	人　工　费（元）		42.98	49.56
	材　料　费（元）		3.63	5.09
	机　械　费（元）		—	—
名　　　称	单位	单价（元）	消　　耗　　量	
人工 综合工日	工日	140.00	0.307	0.354
材 锡纸	kg	9.73	0.001	—
白回丝	kg	7.73	0.004	—
松节油	kg	3.39	0.030	—
镀锌铁丝 22号	kg	3.57	0.010	—
螺纹钢筋 HRB400 φ10以内	t	3500.00	0.0002	—
水泥 32.5级	kg	0.29	0.300	—
水泥砂浆 1：1	m³	304.25	0.003	—
其他材料费占材料费	%	—	3.000	3.000
金刚石 20cm×5cm×1cm	块	10.29	0.013	0.005
硬白蜡	kg	5.96	0.010	0.026
草酸	kg	6.90	0.030	0.048
白水泥	kg	0.78	1.600	0.500
料 水泥砂浆 1：3	m³	250.74	—	0.016

工作内容：1.混凝土制作运输、浇捣、养护；
2.安装。

计量单位：m³

定 额 编 号				Y2-2-49	Y2-2-50
项 目 名 称				预制混凝土	
				门窗框制作安装	花池盆坛及小品制作安装
基 价（元）				486.37	553.95
其中	人 工 费（元）			130.20	180.88
	材 料 费（元）			343.15	354.98
	机 械 费（元）			13.02	18.09
	名 称	单位	单价(元)	消 耗 量	
人工	综合工日	工日	140.00	0.930	1.292
材料	其他材料费占材料费	%	—	10.000	10.000
	现浇混凝土 C25	m³	307.34	1.015	1.050
机械	其他机械费占人工费	%	—	10.000	10.000

320

工作内容：放样、挖做基础、调动砂浆、砌筑抹灰、安装、钢筋制作绑扎、混凝土制作浇捣、养护等全过程。

计量单位：m³

定 额 编 号				Y2-2-51	
项 目 名 称				砖砌园林小摆设	
				砌筑	
基 价（元）				**756.17**	
其中	人 工 费（元）			315.00	
	材 料 费（元）			425.42	
	机 械 费（元）			15.75	
	名 称	单位	单价(元)	消 耗 量	
人工	综合工日	工日	140.00	2.250	
材料	其他材料费占材料费	%	—	5.000	
	红砖	块	0.41	531.000	
	螺纹钢筋 HRB400 φ10以内	t	3500.00	0.040	
	水泥砂浆 M5.0	m³	192.88	0.246	
机械	其他机械费占人工费	%	—	5.000	

工作内容：放样、挖基础、调动砂浆、砌筑抹灰等全过程。 计量单位：m²

定　额　编　号				Y2-2-52	
项　目　名　称				砖砌园林小摆设	
				抹灰	
基　　　　价（元）				59.11	
其中	人　工　费（元）			46.90	
	材　料　费（元）			7.52	
	机　械　费（元）			4.69	
名　　称		单位	单价（元）	消　　耗　　量	
人工	综合工日	工日	140.00	0.335	
材料	其他材料费占材料费	%	—	5.000	
	混合砂浆 1∶1∶6	m³	237.06	0.013	
	水泥砂浆 1∶3	m³	250.74	0.009	
	水泥砂浆 1∶1	m³	304.25	0.006	
机械	其他机械费占人工费	%	—	10.000	

322

工作内容：1.放样、挖做基础、调动砂浆、砌筑抹灰、钢筋制作绑扎、混凝土浇制作浇捣、养护；
2.水泥假树包括混凝土、砂浆、灌筑抹塑着色等全过程。　　　　　　　　　　　计量单位：m³

定　额　编　号					Y2-2-53	Y2-2-54
项　目　名　称					(C20混凝土)	
					水泥假树	
					划皮(钢材另计)	塑皮(钢材另计)
基　　　价（元）					6236.76	7136.55
其中	人　工　费（元）				5250.00	6125.00
	材　料　费（元）				855.51	858.42
	机　械　费（元）				131.25	153.13
名　　称		单位	单价（元）		消　　　耗　　　量	
人工	综合工日	工日	140.00		37.500	43.750
材料	其他材料费占材料费	%	—		5.000	5.000
	草袋	m²	2.20		30.000	30.000
	圆钉	kg	5.13		3.060	3.600
	松木成材	m³	1435.27		0.300	0.300
	现浇混凝土 C20	m³	296.56		1.020	1.020
机械	其他机械费占人工费	%	—		2.500	2.500

工作内容：1.放样、挖做基础、调动砂浆、砌筑抹灰、钢筋制作绑扎、混凝土浇制作浇捣、养护；
2.水泥假树包括混凝土、砂浆、灌筑抹塑着色等全过程。 计量单位：m³

定 额 编 号				Y2-2-55
项 目 名 称				(C20混凝土)
				树根树墩形楼台
				塑皮
基 价（元）				5342.80
其中	人 工 费（元）			4375.00
	材 料 费（元）			858.42
	机 械 费（元）			109.38
	名 称	单位	单价(元)	消 耗 量
人工	综合工日	工日	140.00	31.250
材料	其他材料费占材料费	%	—	5.000
	草袋	m²	2.20	30.000
	圆钉	kg	5.13	3.600
	松木成材	m³	1435.27	0.300
	现浇混凝土 C20	m³	296.56	1.020
机械	其他机械费占人工费	%	—	2.500

工作内容：放样、挖基础、调运砂浆、砌砖、抹灰、钢筋绑扎、混凝土浇制作浇捣、养护、清理等。

计量单位：m

定 额 编 号				Y2-2-56	Y2-2-57	Y2-2-58	Y2-2-59
项 目 名 称				预制混凝土花色栏杆制作			
				脚3cm×3cm	脚4cm×4cm	脚5cm×5cm	脚6cm×6cm
				高<50cm	高<80cm	高<100cm	高<120cm
基 价（元）				152.09	154.58	169.67	176.36
其中	人 工 费（元）			113.26	113.26	125.86	125.86
	材 料 费（元）			38.83	41.32	43.81	50.50
	机 械 费（元）			—	—	—	—
	名 称	单位	单价（元）	消	耗		量
人工	综合工日	工日	140.00	0.809	0.809	0.899	0.899
材 料	其他材料费占材料费	%	—	20.000	20.000	20.000	20.000
	水	m³	7.96	0.100	0.100	0.100	0.100
	圆钉	kg	5.13	0.100	0.100	0.100	0.100
	镀锌铁丝 22号	kg	3.57	0.090	0.090	0.090	0.090
	螺纹钢筋 HRB400 φ10以内	t	3500.00	0.007	0.007	0.007	0.008
	现浇混凝土 C20	m³	296.56	0.021	0.028	0.035	0.042

工作内容：钢材校正、划线下料(机剪或氧切)，平直、钻孔、弯、锻打、焊接、材料、半成品及成品场内
运输，整理堆放，除锈、刷防锈漆一遍和刷厚漆调各漆各一遍，放线、挖坑、安装校正。

计量单位：m

定 额 编 号				Y2-2-60	Y2-2-61	Y2-2-62
项 目 名 称				金属花色栏杆制作(钢管、钢筋、扁铁混合结构)		
				简易	普通	复杂
基 价（元）				129.93	152.98	197.79
其中	人 工 费（元）			69.30	88.20	115.50
	材 料 费（元）			60.63	64.78	82.29
	机 械 费（元）			—	—	—
名 称		单位	单价(元)	消	耗	量
人工	综合工日	工日	140.00	0.495	0.630	0.825
材料	其他材料费占材料费	%	—	1.000	1.000	2.000
	砂纸	张	0.47	0.200	0.200	0.250
	电石	kg	1.75	0.140	0.153	0.175
	氧气	m³	3.63	0.080	0.100	0.105
	清漆	kg	14.48	0.040	0.048	0.050
	光漆	kg	12.00	0.005	0.006	0.060
	厚漆	kg	8.55	0.030	0.045	0.060
	松香水	kg	4.70	0.040	0.042	0.045
	防锈漆	kg	5.62	0.100	0.113	0.115
	调和漆	kg	6.00	0.040	0.060	0.070
	电焊条	kg	5.98	0.250	0.320	0.350
	扁铁	t	3400.00	0.004	0.002	0.005
	螺纹钢筋 HRB400 φ10以内	t	3500.00	0.004	0.008	0.006
	钢管	t	4060.00	0.007	0.006	0.009

工作内容：刷防锈漆一遍和刷厚漆调和漆各一遍，放线、挖坑、安装校正、灌浆复土、混凝土栏杆刷白灰水、养护等。

计量单位：m

定 额 编 号			Y2-2-63	Y2-2-64
项 目 名 称			花色栏杆安装	
			预制混凝土	金属
基 价（元）			33.78	29.76
其中	人 工 费（元）		27.02	23.10
	材 料 费（元）		6.76	6.66
	机 械 费（元）		—	—
名 称	单位	单价（元）	消 耗 量	
人工	综合工日	工日	140.00	0.193	0.165
材料	石灰	kg	0.32	0.700	—
	其他材料费占材料费	%	—	1.000	1.000
	电焊条	kg	5.98	—	0.020
	现浇混凝土 C15	m³	281.42	0.023	0.023

第六节 采光花廊玻璃天棚

工作内容：定位放线、钢、铝骨架、下配料、安装、固定面层等全部工序。　　　　　计量单位：m²

定　额　编　号				Y2-2-65	Y2-2-66	Y2-2-67
项　目　名　称				铝骨架采光花廊花架		
				中空玻璃天棚	钢化玻璃天棚	夹丝玻璃天棚
基　　　　价　（元）				304.15	230.67	459.56
其中	人　工　费（元）			77.00	68.60	68.60
	材　料　费（元）			225.22	160.35	389.24
	机　械　费（元）			1.93	1.72	1.72
名　　　称		单位	单价（元）	消	耗	量
人工	综合工日	工日	140.00	0.550	0.490	0.490
材料	钢化玻璃 δ6	m²	42.01	—	1.000	—
	耐热橡胶垫	m	2.75	1.700	1.700	1.700
	夹丝玻璃	m²	260.00	—	—	1.000
	镀锌螺栓 M12×60～80	套	0.33	11.000	11.000	11.000
	铝框骨架	kg	20.09	5.000	5.000	5.000
	其他材料费占材料费	%	—	5.000	5.000	5.000
	玻璃胶 310mL	支	7.80	0.250	0.250	0.250
	中空玻璃	m²	107.00	0.970	—	—
机械	其他机械费占人工费	%	—	2.500	2.500	2.500

328

工作内容：定位放线、钢、铝骨架、下配料、安装、固定面层等全部工序。　　　　　　　　　　　计量单位：m²

定　额　编　号				Y2-2-68	Y2-2-69	Y2-2-70
项　目　名　称				钢骨架采光花廊花架		
				中空玻璃天棚	钢化玻璃天棚	夹丝玻璃天棚
基　　　　价（元）				345.59	229.97	454.50
其中	人　工　费（元）			94.50	70.70	70.70
	材　料　费（元）			248.73	157.50	382.03
	机　械　费（元）			2.36	1.77	1.77
	名　　　称	单位	单价（元）	消	耗	量
人工	综合工日	工日	140.00	0.675	0.505	0.505
材料	中空玻璃	m²	107.00	1.000	—	—
	钢化玻璃 δ6	m²	42.01	—	1.000	—
	其他材料费占材料费	%	—	3.000	3.000	3.000
	建筑油膏	kg	1.90	0.090	0.090	0.090
	玻璃胶 310mL	支	7.80	0.250	0.250	0.250
	调和漆	kg	6.00	0.380	0.380	0.380
	橡胶垫 δ2	m²	19.26	1.600	1.600	1.600
	橡胶条	m	5.47	3.200	3.200	3.200
	夹丝玻璃	m²	260.00	—	—	1.000
	螺栓	个	0.32	0.045	0.045	0.045
	镀锌铁皮	m²	19.50	0.100	0.100	0.100
	T型钢 25×25	kg	3.80	0.200	0.300	0.300
	槽钢	kg	3.20	19.600	13.600	13.600
	扁钢	kg	3.40	4.800	3.400	3.400
机械	其他机械费占人工费	%	—	2.500	2.500	2.500

定　额　编　号	Y2-2-71
项　目　名　称	采光花廊花架玻璃天棚
	不锈钢驳爪件
基　　　价（元）	128.40

其中	人　工　费（元）	8.40
	材　料　费（元）	120.00
	机　械　费（元）	—

	名　　称	单位	单价(元)	消　　耗　　量
人工	综合工日	工日	140.00	0.060
材料	不锈钢驳爪	个	120.00	1.000

第七节 小品措施项目

工作内容：1.搭拆脚手架、铺拆脚手板；
2.拆除后分类堆放、场外运输。

计量单位：座

定　额　编　号				Y2-2-72	Y2-2-73	Y2-2-74
项　目　名　称				亭脚手架		
				檐高＜3.6m	檐高＜4.5m	檐高＞4.5m
基　　　价（元）				930.84	1787.23	2848.31
其中	人　工　费（元）			627.90	1280.44	2066.68
	材　料　费（元）			302.94	506.79	781.63
	机　械　费（元）			—	—	—
名　　称		单位	单价(元)	消	耗	量
人工	综合工日	工日	140.00	4.485	9.146	14.762
材料	其他材料费占材料费	%	—	4.000	4.000	4.000
	脚手板	m³	1880.34	0.045	0.080	0.120
	毛竹	根	15.60	8.900	14.500	22.500
	镀锌铁丝 8号	kg	3.57	19.000	31.000	49.000

工作内容：选料；制作模板、安装、支撑、校正；机械移动；拆除模板、支撑；清场、整堆等。

计量单位：m³

定　额　编　号				Y2-2-75	Y2-2-76
项　目　名　称				木拱盔	木支撑
基　　　价（元）				248.66	22.32
其中	人　工　费（元）			1.40	1.40
	材　料　费（元）			247.13	20.70
	机　械　费（元）			0.13	0.22
名　　称		单位	单价（元）	消　耗　　　　量	
人工	综合工日	工日	140.00	0.010	0.010
材料	松木成材	m³	1435.27	0.165	0.012
	扒钉	kg	3.85	2.622	0.680
	铁钉	kg	3.56	0.061	0.240
机械	其他机械费占人工费	%	—	9.000	16.000

第三章 园桥工程

说　　明

1. 园桥：基础、桥台、桥墩、护坡、石桥面等项目，如遇缺项执行建筑工程消耗量定额或市政工程消耗量定额相应子目，其合计工日乘以系数 1.25，其他不变。

2. 园桥挖土：垫层、勾缝及其他有关配件制作、安装，套用建筑工程消耗量定额相应子目。石桥面砂浆嵌缝已包括在定额内。

工程量计算规则

一、园桥：毛石基础、桥台、桥墩、护坡按设计图示尺寸以"m³"计算。石桥面按"m²"计算。

二、园桥拱盔按起拱线以上弓形侧面积乘以（桥宽+2m）计算空间体积，但不包括起拱线（点）以下的支架。

三、支架：是指起拱线以下的支架，按起拱线以下空间体积计算。

第一节 石桥基础

工作内容：1.选、修、运石；
2.调、运、铺砂浆；
3.砌石。

计量单位：m³

定 额 编 号			Y2-3-1	Y2-3-2	Y2-3-3
项 目 名 称			毛石基础	毛石桥台	条石桥台
基 价（元）			309.55	421.81	904.07
其中	人 工 费（元）		154.98	252.14	252.14
	材 料 费（元）		123.57	119.24	601.50
	机 械 费（元）		31.00	50.43	50.43
名 称	单位	单价（元）	消	耗	量
人工	综合工日	工日	140.00	1.107	1.801	1.801
材料	片石	t	65.00	0.738	0.736	—
	料石	m³	450.00	—	—	1.220
	水泥砂浆 M10	m³	209.99	0.360	0.340	0.250
机械	其他机械费占人工费	%	—	20.000	20.000	20.000

第二节 石桥墩、石桥台

工作内容：1.选、修、运石；
2.调、运、铺砂浆；
3.砌石；
4.安装桥面。

计量单位：m³

定 额 编 号				Y2-3-4	Y2-3-5	Y2-3-6
项 目 名 称				条石桥墩	毛石护坡	条石护坡
基 价（元）				904.07	249.74	697.60
其中	人 工 费（元）			252.14	108.64	80.08
	材 料 费（元）			601.50	119.37	601.50
	机 械 费（元）			50.43	21.73	16.02
名 称		单位	单价(元)	消 耗		量
人工	综合工日	工日	140.00	1.801	0.776	0.572
材料	片石	t	65.00	—	0.738	—
	料石	m³	450.00	1.220	—	1.220
	水泥砂浆 M10	m³	209.99	0.250	0.340	0.250
机械	其他机械费占人工费	%	—	20.000	20.000	20.000

338

工作内容：1.选、修、运石；
　　　　　2.调、运、铺砂浆；
　　　　　3.砌石；
　　　　　4.安装桥面。

计量单位：㎡

定　额　编　号	Y2-3-7
项　目　名　称	石桥面
基　　　　价（元）	376.54

其中	人　工　费（元）	143.78
	材　料　费（元）	204.00
	机　械　费（元）	28.76

	名　　　　称	单位	单价(元)	消　　　耗　　　量
人工	综合工日	工日	140.00	1.027
材料	二步做糙花岗石	㎡	200.00	1.020
机械	其他机械费占人工费	%	—	20.000

339

第三节 拱旋石制作、安装

工作内容：清理底层、砂浆调制运输、搭、拆旋。

计量单位：m³

定　额　编　号			Y2-3-8	Y2-3-9
项　目　名　称			砖拱旋砌筑	花岗石内旋安装
基　　　价（元）			448.74	4061.15
其中	人　工　费（元）		196.28	1422.68
	材　料　费（元）		251.09	2607.17
	机　械　费（元）		1.37	31.30
名　　称		单位	单价（元）	消　　耗　　量
人工	综合工日	工日	140.00	1.402	10.162
材料	机砖 240×115×53	块	0.38	512.000	—
	其他材料费占材料费	%	—	0.700	0.700
	铅板	kg	31.12	—	0.360
	螺栓	个	0.32	0.575	0.575
	铁件	kg	4.19	—	0.120
	花岗石成品内旋石	m³	2500.00	—	1.005
	水泥砂浆 M10	m³	209.99	0.260	0.304
	钢件	kg	3.22	—	0.256
机械	其他机械费占人工费	%	—	0.700	2.200

第四节 石旋脸制作、安装

工作内容：1.砂浆调制；
　　　　　2.运输；
　　　　　3.截头打眼、拼缝安装；
　　　　　4.灌缝净面；
　　　　　5.搭拆烘炉；
　　　　　6.旋胎及起重架等。

计量单位：m³

定　额　编　号			Y2-3-10	Y2-3-11
项　目　名　称			青白石	花岗石
			旋脸安装	
基　　　　　价（元）			3822.77	4124.22
其中	人　工　费（元）		1564.92	1564.92
	材　料　费（元）		2236.88	2540.21
	机　械　费（元）		20.97	19.09
名　　称	单位	单价（元）	消　　耗　　量	
人工	综合工日	工日	140.00	11.178	11.178
材料	券脸石无水兽	m³	2200.00	1.005	—
	其他材料费占材料费	%	—	0.400	0.400
	花岗石旋脸	m³	2500.00	—	1.005
	铅板	kg	31.12	0.360	0.360
	圆钉	kg	5.13	0.329	0.329
	铁件	kg	4.19	0.120	0.120
	水泥砂浆 M10	m³	209.99	0.017	0.020
机械	其他机械费占人工费	%	—	1.340	1.220

工作内容：1.砂浆调制、运输；
　　　　　2.截头打眼、拼缝安装；
　　　　　3.灌缝净面；
　　　　　4.搭拆烘炉；
　　　　　5.旋胎及起重架等。

计量单位：个

定 额 编 号				Y2-3-12	Y2-3-13
项 目 名 称				型钢铁锔	铸铁银锭
				安装	
基 价（元）				27.51	110.23
其中	人 工 费（元）			7.28	7.28
	材 料 费（元）			20.20	102.85
	机 械 费（元）			0.03	0.10
名 称		单位	单价(元)	消 耗	量
人工	综合工日	工日	140.00	0.052	0.052
材料	型钢锔子	个	20.00	1.000	—
	其他材料费占材料费	%	—	1.000	0.280
	铸铁银锭	个	102.56	—	1.000
机械	其他机械费占人工费	%	—	0.480	1.430

342

第五节 金刚墙砌筑

工作内容：1.砂浆调制、运输；
2.截头打眼、拼缝安装；
3.灌缝净面；
4.搭拆烘炉；
5.旋胎及起重架等。

计量单位：m³

定 额 编 号			Y2-3-14	Y2-3-15
项 目 名 称			青白石金刚墙	
			厚20cm	厚32cm
基 价（元）			741.05	701.61
其中	人 工 费（元）		202.44	168.42
	材 料 费（元）		523.87	519.31
	机 械 费（元）		14.74	13.88
名 称	单位	单价（元）	消 耗 量	
人工 综合工日	工日	140.00	1.446	1.203
材料 青白石方整石 厚20cm	m³	450.00	1.005	—
青白石方整石 厚32cm	m³	450.00	—	1.005
其他材料费占材料费	%	—	0.720	0.560
桃花浆	m³	50.00	0.150	0.094
钢钎	kg	3.22	0.750	0.470
水泥砂浆 M10	m³	209.99	0.276	0.276
机械 其他机械费占人工费	%	—	7.280	8.240

工作内容：1.砂浆调制、运输；
　　　　　2.截头打眼、拼缝安装；
　　　　　3.灌缝净面；
　　　　　4.搭拆烘炉；
　　　　　5.旋胎及起重架等。

计量单位：m³

定　额　编　号				Y2-3-16	Y2-3-17
项　目　名　称				花岗石金刚墙	
				厚20cm	厚32cm
基　　　　　价（元）				2392.71	2338.14
其中	人　工　费（元）			283.08	235.62
	材　料　费（元）			2090.55	2084.54
	机　械　费（元）			19.08	17.98
名　　称		单位	单价（元）	消　耗　　量	
人工	综合工日	工日	140.00	2.022	1.683
材料	花岗石方整石 厚20cm	m³	2000.00	1.005	—
	其他材料费占材料费	%	—	0.610	0.500
	桃花浆	m³	50.00	0.150	0.094
	花岗石方整石 厚32cm	m³	2000.00	—	1.005
	钢钎	kg	3.22	0.750	0.470
	水泥砂浆 M10	m³	209.99	0.276	0.276
机械	其他机械费占人工费	%	—	6.740	7.630

第六节 其他石墙

工作内容：1. 景石墙：调、运、铺砂浆；
2. 造石、石料加工；
3. 砌石、立边、棱角装饰、修补、缝口，墙面清扫。

计量单位：m³

定 额 编 号			Y2-3-18	Y2-3-19	Y2-3-20
项 目 名 称			墙身、景石墙		墙身麻石墙
			厚30cm	厚40cm	
基 价（元）			1498.10	1297.74	1251.59
其中	人 工 费（元）		1378.30	1178.94	320.32
	材 料 费（元）		112.91	112.91	835.17
	机 械 费（元）		6.89	5.89	96.10
名 称	单位	单价（元）	消	耗	量
人工	综合工日	工日	140.00	9.845	8.421	2.288
材料	片石	t	65.00	0.800	0.800	—
	其他材料费占材料费	%	—	1.000	1.000	0.200
	麻石	m³	650.00	—	—	1.220
	水泥砂浆 M5.0	m³	192.88	0.310	0.310	0.210
机械	其他机械费占人工费	%	—	0.500	0.500	30.000

工作内容：1. 调、运、铺砂浆；
　　　　　2. 造石、石料加工；
　　　　　3. 砌石、棱角装饰、修补缝口；
　　　　　4. 勾缝。

计量单位：m³

定　额　编　号				Y2-3-21	Y2-3-22
项　目　名　称				砌虎皮石墙	
				单面清水	双面清水
基　　　价（元）				365.84	440.18
其中	人　工　费（元）			197.40	271.74
	材　料　费（元）			168.44	168.44
	机　械　费（元）			—	—
名　　　称	单位	单价（元）	消　　　　耗　　　　量		
人工	综合工日	工日	140.00	1.410	1.941
材料	其他材料费占材料费	%	—	1.000	1.000
	片石	t	65.00	1.194	1.194
	水泥混合砂浆 M5	m³	217.47	0.410	0.410

工作内容：选洗卵石、调制砂浆、清理墙表面、抹找平层、分格嵌筋、叠贴砌卵石面、刷水泥浆、喷水刷
石面层、养护等。

计量单位：m²

定 额 编 号					Y2-3-23	Y2-3-24
项 目 名 称					卵石侧贴墙面、墙裙	
					彩边素色	拼图案
基 价（元）					51.42	67.67
其中	人 工 费（元）				25.90	41.44
	材 料 费（元）				25.52	26.23
	机 械 费（元）				—	—
名 称		单位	单价（元）	消	耗	量
人工	综合工日	工日	140.00	0.185		0.296
材料	其他材料费占材料费	%	—	1.000		1.000
	水	m³	7.96	0.030		0.030
	彩色卵石	t	407.77	0.010		0.014
	本色卵石	t	233.01	0.056		0.052
	素水泥浆	m³	444.07	0.006		0.006
	水泥砂浆 1：3	m³	250.74	0.010		0.010
	水泥砂浆 M10	m³	209.99	0.013		0.013

工作内容：选洗卵石、调制砂浆、清理墙表面、抹找平层、分格嵌筋、叠贴砌卵石面、刷水泥浆、喷水刷
　　　　　石面层、养护等。

计量单位：m²

定　额　编　号				Y2-3-25	Y2-3-26
项　目　名　称				卵石侧贴腰线	
				素色	拼图案
基　　　价（元）				57.66	82.62
其中	人　工　费（元）			33.88	53.90
	材　料　费（元）			23.78	28.72
	机　械　费（元）			—	—
	名　　　称	单位	单价（元）	消　　耗　　量	
人工	综合工日	工日	140.00	0.242	0.385
材料	其他材料费占材料费	%	—	1.000	1.000
	水	m³	7.96	0.033	0.033
	彩色卵石	t	407.77	—	0.028
	本色卵石	t	233.01	0.066	0.038
	素水泥浆	m³	444.07	0.006	0.006
	水泥砂浆 1∶3	m³	250.74	0.010	0.010
	水泥砂浆 M10	m³	209.99	0.013	0.013

工作内容：选洗卵石、调制砂浆、清理墙表面、抹找平层、分格嵌筋、叠贴砌卵石面、刷水泥浆、喷水刷
石面层、养护等。 计量单位：m²

定 额 编 号					Y2-3-27	
项 目 名 称					仿青砖面层(厚1.5cm)	
基 价（元）					27.78	
其中	人 工 费（元）				20.72	
	材 料 费（元）				7.06	
	机 械 费（元）				—	
名 称		单位	单价（元）	消 耗 量		
人工	综合工日	工日	140.00	0.148		
材料	其他材料费占材料费	%	—	1.000		
	氧化铁黑	kg	1.61	0.908		
	水	m³	7.96	0.038		
	素水泥浆	m³	444.07	0.001		
	水泥砂浆 1：2	m³	281.46	0.017		

第四章 园路工程

说　　明

1. 园路包括垫层、面层，如遇缺项执行建筑工程消耗量定额、装饰工程消耗量定额或市政工程消耗量定额等相应子目，其人工乘以系数 1.10。块料面层中包括的砂浆结合层或铺筑用砂的数量不得调整。

2. 园路工程如遇到圆形、弧形块料铺装层时，本章节缺项执行建筑工程消耗量定额、装饰工程消耗量定额或市政工程消耗量定额等相应子目，其人工乘以系数 1.20，面层主材乘以系数 1.1，块料面层中包括的砂浆结合层或铺筑用砂的数量不得调整。

3. 如用路面同样的材料铺的路沿或路牙，其工料、机械台班已包括在定额内，如用其他材料或预制块铺的，按相应项目定额另行计算。

4. 本章园路定额子目适用于路幅小于或等于 3m 的园路且为非机动车道，如遇机动车道按相应项目定额另行计算。

工程量计算规则

    一、各种园路垫层按设计图示尺寸，如无图示尺寸按面层尺寸两边各放宽 5cm 乘以厚度以"㎥"计算。

    二、各种园路路面按设计图示尺寸，长×宽按"㎡"计算。

第一节 园路

工作内容：厚度在30cm以内挖、填土、找平、夯实、整修、弃土2m以外。　　　　　　计量单位：m²

定　额　编　号	Y2-4-1
项　目　名　称	园路土基整理路床
基　　　价（元）	5.60

其中	人　工　费（元）	5.60
	材　料　费（元）	—
	机　械　费（元）	—

	名　　　称	单位	单价(元)	消　　耗　　量
人 工	综合工日	工日	140.00	0.040

工作内容：1.筛土、浇水、拌合、铺设、找平、灌溉、振实；
　　　　　2.养护。

计量单位：m³

定　额　编　号				Y2-4-2	Y2-4-3	Y2-4-4
项　目　名　称				砂	灰土3：7	灰土2：8
				基础垫层		
基　　　　　价（元）				226.44	257.49	220.28
其中	人　工　费（元）			61.46	122.92	116.76
	材　料　费（元）			152.69	109.99	80.17
	机　械　费（元）			12.29	24.58	23.35
名　　　称		单位	单价（元）	消　　耗　　量		
人工	综合工日	工日	140.00	0.439	0.878	0.834
材料	中(粗)砂	t	87.00	1.755	—	—
	灰土 3：7	m³	108.90	—	1.010	—
	灰土 2：8	m³	79.38	—	—	1.010
机械	其他机械费占人工费	%	—	20.000	20.000	20.000

工作内容：1.筛土、浇水、拌合、铺设、找平、灌溉、振实；
　　　　　2.养护。

计量单位：m³

定　额　编　号				Y2-4-5	Y2-4-6	Y2-4-7
项　目　名　称				煤渣	碎石	混凝土
				基础垫层		
基　　　　　价（元）				87.86	337.46	559.49
其中	人　工　费（元）			44.24	89.74	223.72
	材　料　费（元）			34.77	229.77	291.03
	机　械　费（元）			8.85	17.95	44.74
名　　　称		单位	单价（元）	消	耗	量
人工	综合工日	工日	140.00	0.316	0.641	1.598
材料	煤渣	m³	28.50	1.220	—	—
	中(粗)砂	t	87.00	—	0.440	—
	碎石	t	106.80	—	1.793	—
	水	m³	7.96	—	—	0.500
	现浇混凝土 C15	m³	281.42	—	—	1.020
机械	其他机械费占人工费	%	—	20.000	20.000	20.000

357

工作内容：放线、整修路槽、夯实、修整垫层、调浆、铺面层、嵌缝、清扫。 计量单位：m²

定 额 编 号				Y2-4-8	Y2-4-9
项 目 名 称				满铺	素色
				卵石面	
				（拼花）	（彩边素色）
基 价 （元）				288.48	177.35
其中	人 工 费 （元）			258.16	147.56
	材 料 费 （元）			30.32	29.79
	机 械 费 （元）			—	—
名 称		单位	单价（元）	消 耗 量	
人工	综合工日	工日	140.00	1.844	1.054
材料	其他材料费占材料费	%	—	1.000	1.000
	水	m³	7.96	0.050	0.050
	彩色卵石	t	407.77	0.017	0.014
	本色卵石	t	233.01	0.055	0.058
	水泥砂浆 1：2.5	m³	274.23	0.036	0.036

358

工作内容：放线、整修路槽、夯实、修整垫层、调浆、铺面层、嵌缝、清扫。　　　　　　　　　　　计量单位：m²

定　额　编　号				Y2-4-10	Y2-4-11
项　目　名　称				卵石、瓦片	望砖卵石
				铺路面(拼花)	
基　　　价（元）				341.20	403.28
其中	人　工　费（元）			309.82	358.12
	材　料　费（元）			31.38	45.16
	机　械　费（元）			—	—
名　　称		单位	单价（元）	消　　耗　　量	
人工	综合工日	工日	140.00	2.213	2.558
材料	其他材料费占材料费	%	—	1.000	1.000
	水	m³	7.96	0.050	0.050
	望砖 21cm×10.5cm×1.5cm	块	0.36	2.910	40.810
	彩色卵石	t	407.77	0.017	0.017
	本色卵石	t	233.01	0.055	0.055
	水泥砂浆 1:2.5	m³	274.23	0.036	0.036

工作内容：放线、整修路槽、夯实、修整垫层、调浆、铺面层、嵌缝、清扫。　　　　　计量单位：m²

定　额　编　号				Y2-4-12	Y2-4-13
项　目　名　称				纹形	水刷石
				混凝土路面(厚12cm)	
基　　价（元）				70.83	112.12
其中	人　工　费（元）			32.76	68.32
	材　料　费（元）			38.07	43.80
	机　械　费（元）			—	—
名　　称		单位	单价（元）	消　　　　耗　　　　量	
人工	综合工日	工日	140.00	0.234	0.488
材料	松木锯材	m³	1624.00	0.002	0.002
	水泥白石子浆 1：2	m³	618.35	—	0.016
	现浇混凝土 C15	m³	281.42	0.122	0.107
	其他材料费占材料费	%	—	1.000	1.000
	水	m³	7.96	0.014	0.014

工作内容：放线、整修路槽、夯实、修整垫层、调浆、铺面层、嵌缝、清扫。 计量单位：m²

定　额　编　号				Y2-4-14	
项　目　名　称				纹形、水刷石	
				混凝土路面(每±1cm)	
基　　　价（元）				4.52	
其中	人　工　费（元）			1.68	
	材　料　费（元）			2.84	
	机　械　费（元）			—	
名　　　称	单位	单价（元）	消　　耗　　量		
人工	综合工日	工日	140.00	0.012	
材料	现浇混凝土 C15	m³	281.42	0.010	
	其他材料费占材料费	%	—	1.000	

361

工作内容：放线、整修路槽、夯实、修整垫层、调浆、铺面层、嵌缝、清扫。　　　　　　　　　计量单位：m²

定　额　编　号					Y2-4-15	Y2-4-16
项　目　名　称					预制方格	预制异形
					混凝土面层(厚5cm)	
基　　　价　（元）					44.67	46.63
其中	人　工　费（元）				20.72	22.68
	材　料　费（元）				23.95	23.95
	机　械　费（元）				—	—
名　　称		单位	单价(元)		消　　耗　　量	
人工	综合工日	工日	140.00		0.148	0.162
材料	其他材料费占材料费	%	—		1.000	1.000
	预制混凝土道板	m³	365.00		0.051	0.051
	水	m³	7.96		0.007	0.007
	中(粗)砂	t	87.00		0.058	0.058

工作内容：放线、整修路槽、夯实、修整垫层、调浆、铺面层、嵌缝、清扫。　　　　　　　计量单位：m²

定　额　编　号				Y2-4-17	Y2-4-18
项　目　名　称				预制大块	预制混凝土
				混凝土面层(厚10cm)	假冰片面层(厚5cm)
基　　　　价（元）				74.12	73.79
其中	人　工　费（元）			31.36	49.84
	材　料　费（元）			42.76	23.95
	机　械　费（元）			—	—
名　　称	单位	单价(元)	消　　耗　　量		
人工	综合工日	工日	140.00	0.224	0.356
材料	其他材料费占材料费	%	—	1.000	1.000
	预制混凝土道板	m³	365.00	0.102	0.051
	水	m³	7.96	0.007	0.007
	中(粗)砂	t	87.00	0.058	0.058

工作内容：放线、整修路槽、夯实、修整垫层、调浆、铺面层、嵌缝、清扫。 计量单位：m²

定 额 编 号					Y2-4-19	Y2-4-20
项 目 名 称					方整石板	乱铺冰片石
					面层	
基 价（元）					204.22	143.75
其中	人 工 费（元）				44.24	56.84
	材 料 费（元）				159.98	86.91
	机 械 费（元）				—	—
名 称		单位	单价（元）	消 耗 量		
人工	综合工日	工日	140.00	0.316		0.406
材料	方整石板	m²	145.00	1.020		—
	冰片石	m²	58.25	—		1.250
	水泥砂浆 1：2.5	m³	274.23	—		0.010
	其他材料费占材料费	%	—	1.000		1.000
	水	m³	7.96	0.007		0.007
	中(粗)砂	t	87.00	0.120		0.120

工作内容：放线、整修路槽、夯实、修整垫层、调浆、铺面层、嵌缝、清扫。 计量单位：㎡

定 额 编 号				Y2-4-21	Y2-4-22
项 目 名 称				砌水泥砂浆	砌白灰砂浆
				花砖路面(直形)	
基 价 （元）				75.00	72.91
其中	人 工 费 （元）			35.84	35.84
	材 料 费 （元）			36.29	34.20
	机 械 费 （元）			2.87	2.87
	名 称	单位	单价（元）	消 耗 量	
人工	综合工日	工日	140.00	0.256	0.256
材料	水泥 32.5级	kg	0.29	14.869	—
	其他材料费占材料费	%	—	1.000	1.000
	水	㎥	7.96	0.040	0.040
	水泥花砖 200×200×25	块	1.71	16.320	16.320
	中(粗)砂	t	87.00	0.039	0.039
	生石灰	kg	0.32	—	7.000
机械	其他机械费占人工费	%	—	8.000	8.000

工作内容：1.清理基层、放线、配料、铺筑灌注；
　　　　　2.养护等全部操作过程。

计量单位：m²

定 额 编 号					Y2-4-23	Y2-4-24	Y2-4-25	Y2-4-26
项 目 名 称					瓦片	碎缸片	弹石片	小方碎石
基 价 （元）					549.97	229.38	56.73	86.03
其中	人 工 费（元）				105.70	178.22	26.60	30.94
	材 料 费（元）				444.27	51.16	30.13	55.09
	机 械 费（元）				—	—	—	—
名 称		单位	单价（元）		消	耗		量
人工	综合工日	工日	140.00		0.755	1.273	0.190	0.221
材料	蝴蝶瓦	张	1.80		239.200	—	—	—
	碎缸片	t	120.00		—	0.252	—	—
	水泥砂浆 1：2.5	m³	274.23		—	0.040	—	—
	弹石片	m³	90.00		—	—	0.125	—
	其他材料费占材料费	%	—		1.000	1.000	1.000	1.000
	水	m³	7.96		—	0.017	0.006	0.006
	小方石头	m³	330.00		—	—	—	0.109
	中(粗)砂	t	87.00		0.107	0.107	0.213	0.213

工作内容：放线、整修路槽、夯实、修整垫层、调浆、铺面层、嵌缝、清扫。　　　　　　　　　计量单位：m²

定 额 编 号				Y2-4-27	Y2-4-28	Y2-4-29
项 目 名 称				六角板	立砌混凝土花砖	浆砌碎大理石
基 价（元）				56.51	176.26	115.71
其中	人 工 费（元）			24.64	101.78	76.86
	材 料 费（元）			31.87	73.51	31.93
	机 械 费（元）			—	0.97	6.92
名 称		单位	单价(元)	消	耗	量
人工	综合工日	工日	140.00	0.176	0.727	0.549
材料	六角板	m²	25.00	1.020	—	—
	白灰膏	m³	85.30	—	0.007	—
	混凝土花砖	块	1.71	—	41.400	—
	生石灰	kg	0.32	—	0.493	—
	其他材料费占材料费	%	—	1.000	—	0.100
	水	m³	7.96	0.006	0.007	0.040
	碎大理石	t	300.00	—	—	0.072
	水泥 32.5级	kg	0.29	—	1.463	16.700
	中(粗)砂	t	87.00	0.069	0.017	0.059
机械	其他机械费占人工费	%	—	—	0.950	9.000

第二节 路牙铺设

工作内容：放线、整修路槽、夯实、修整垫层、调浆、铺面层、嵌缝、清扫。　　　　计量单位：m

定　额　编　号			项 目 名 称	Y2-4-30
项　目　名　称				混凝土路缘石70mm×150mm
基　　　价（元）				**71.95**
其中	人　工　费（元）			15.68
	材　料　费（元）			56.18
	机　械　费（元）			0.09
名　　称		单位	单价（元）	消　　耗　　量
人工	综合工日	工日	140.00	0.112
材料	草袋	m²	2.20	0.690
	混凝土缘石 70×150×150	块	1.71	20.800
	水	m³	7.96	0.075
	中(粗)砂	t	87.00	0.188
	水泥 32.5级	kg	0.29	7.387
机械	其他机械费占人工费	%	—	0.600

工作内容：放线、整修路槽、夯实、修整垫层、调浆、铺面层、嵌缝、清扫。　　　　　　计量单位：m

定　额　编　号				Y2-4-31	Y2-4-32
项　目　名　称				立砌机砖	
				53mm	115mm
基　　　　价（元）				45.85	97.09
其中	人　工　费（元）			10.22	17.08
	材　料　费（元）			35.53	79.58
	机　械　费（元）			0.10	0.43
名　　称		单位	单价（元）	消　　　耗　　　量	
人工	综合工日	工日	140.00	0.073	0.122
材料	水	m³	7.96	0.014	0.032
	机砖 240×115×53	块	0.38	82.600	160.600
	白灰膏	m³	85.30	0.001	0.050
	生石灰	kg	0.32	0.986	3.536
	中(粗)砂	t	87.00	0.032	0.113
	水泥 32.5级	kg	0.29	2.926	10.581
机械	其他机械费占人工费	%	—	1.000	2.500

工作内容：放线、整修路槽、夯实、修整垫层、调浆、铺面层、嵌缝、清扫。　　　　　　　计量单位：m

定　额　编　号				Y2-4-33	
项　目　名　称				花岗石路牙	
基　　　价（元）				91.99	
其中	人　工　费（元）			20.86	
	材　料　费（元）			70.47	
	机　械　费（元）			0.66	
名　　　称	单位	单价(元)	消　　耗　　量		
人工	综合工日	工日	140.00	0.149	
材　　　料	其他材料费占材料费	%	—	1.000	
	花岗石路牙	m	64.80	1.010	
	石灰砂浆 1：3	m³	219.00	0.006	
	水泥砂浆 1：3	m³	250.74	0.012	
机械	其他机械费占人工费	%	—	3.140	

370

第三节 树池围牙、盖板

工作内容：1.清理基层、围牙；
2.盖板运输、围牙、盖板铺设。

计量单位：m

定　额　编　号				Y2-4-34	
项　目　名　称				树池围牙	
基　　　　价（元）				20.81	
其中	人　工　费（元）			6.30	
	材　料　费（元）			14.22	
	机　械　费（元）			0.29	
名　　　称	单位	单价(元)	消　　耗　　量		
人工	综合工日	工日	140.00	0.045	
材料	混凝土树池围牙	m	14.10	1.000	
	其他材料费占材料费	%	—	0.830	
机械	其他机械费占人工费	%	—	4.580	

371

工作内容：1.清理基层、围牙；
2.盖板运输、围牙、盖板铺设。

计量单位：m²

定 额 编 号				Y2-4-35	Y2-4-36
项 目 名 称				铸铁树池盖板	混凝土树池盖板
基 价（元）				585.78	110.48
其中	人 工 费（元）			24.78	20.72
	材 料 费（元）			561.00	89.76
	机 械 费（元）			—	—
名 称		单位	单价（元）	消 耗 量	
人工	综合工日	工日	140.00	0.177	0.148
材料	铸铁树池盖板	m²	500.00	1.020	—
	其他材料费占材料费	%	—	10.000	10.000
	混凝土树池盖板	m²	80.00	—	1.020

工作内容：除锈、制作、场内运输、绑扎(点焊)、安装、浇灌混凝土时的钢筋维护。　　　　　　计量单位：t

定　额　编　号			Y2-4-37	Y2-4-38
项　目　名　称			圆钢筋	螺纹钢筋
			φ10以内	φ25以内
基　　价（元）			7360.93	4843.45
其中	人　工　费（元）		3300.50	910.00
	材　料　费（元）		3963.09	3875.75
	机　械　费（元）		97.34	57.70
名　　称	单位	单价（元）	消　　耗　　　　量	
人工　综合工日	工日	140.00	23.575	6.500
材料　螺纹钢筋 HRB400 φ10以内	t	3500.00	1.122	—
螺纹钢筋 HRB335 φ10以上	t	3400.00	—	1.122
镀锌铁丝 22号	kg	3.57	10.110	2.310
电焊条	kg	5.98	—	8.640
水	m³	7.96	—	0.130
机械　钢筋调直机 14mm	台班	36.65	0.550	—
电动单筒慢速卷扬机 50kN	台班	215.57	0.329	0.150
钢筋切断机 40mm	台班	41.21	0.152	0.086
钢筋弯曲机 40mm	台班	25.58	—	0.200
交流弧焊机 32kV·A	台班	83.14	—	0.044
对弧机 75kV·A	台班	237.26	—	0.055

工作内容：清理、场内运输、安装、刷隔离剂、浇捣混凝土时模板维护、拆模、集中堆放、场外运输。

计量单位：10m²

定 额 编 号				Y2-4-39	
项 目 名 称				园路组合钢模板	
基 价 （元）				842.02	
其中	人 工 费 （元）			694.96	
	材 料 费 （元）			133.04	
	机 械 费 （元）			14.02	
	名 称	单位	单价（元）	消 耗 量	
人工	综合工日	工日	140.00	4.964	
材料	组合钢模板	kg	5.13	6.586	
	零星卡具	kg	5.56	1.142	
	钢支撑	kg	3.50	2.035	
	木支撑	m³	1631.34	0.009	
	模板木材	m³	1880.34	0.031	
	铁钉	kg	3.56	0.310	
	模板维修费占材料费	%	—	2.650	
	其他材料费占材料费	%	—	7.000	
机械	载重汽车 4t	台班	408.97	0.015	
	汽车式起重机 8t	台班	763.67	0.010	
	木工圆锯机 500mm	台班	25.33	0.010	

注：人工乘以1.25，主材乘以1.1。

374